普通高等教育本科土建类专业"十三五"规划教材

# 土木工程制图习题集

主　编　吴艳丽

副主编　阴钰娇　曹瑞峰

参　编　郭　艳　荆国松　董　帅

北京理工大学出版社
BEIJING INSTITUTE OF TECHNOLOGY PRESS

## 内 容 提 要

本习题集与吴艳丽主编的教材《土木工程制图》配套使用。全书主要内容包括制图基本知识，投影基本知识，点、直线和平面的投影，基本几何体的投影，投影变换，立体的截交线与相贯线，轴测投影，组合体的投影，剖面图和断面图，标高投影等。

本习题集可供高等院校土木工程类相关专业使用，也可供土木工程相关技术人员工作时参考。

**版权专有　侵权必究**

### 图书在版编目（CIP）数据

土木工程制图习题集 / 吴艳丽主编.—北京：北京理工大学出版社，2019.8
ISBN 978-7-5682-7423-4

Ⅰ.①土… Ⅱ.①吴… Ⅲ.①土木工程－建筑制图－高等学校－习题集 Ⅳ.①TU204-44

中国版本图书馆CIP数据核字(2019)第170084号

出版发行 / 北京理工大学出版社有限责任公司
社　　址 / 北京市海淀区中关村南大街5号
邮　　编 / 100081
电　　话 / （010）68914775（总编室）
　　　　　（010）82562903（教材售后服务热线）
　　　　　（010）68948351（其他图书服务热线）
网　　址 / http://www.bitpress.com.cn
经　　销 / 全国各地新华书店
印　　刷 / 北京紫瑞利印刷有限公司
开　　本 / 787毫米×1092毫米　横1/16
印　　张 / 7.5
字　　数 / 176千字
版　　次 / 2019年8月第1版　2019年8月第1次印刷
定　　价 / 30.00元

责任编辑 / 江　立
文案编辑 / 赵　轩
责任校对 / 杜　枝
责任印制 / 李志强

图书出现印装质量问题，请拨打售后服务热线，本社负责调换

# 前　言

本习题集与吴艳丽主编的《土木工程制图》配套使用，为便于教学，编写顺序与教材章节设置一致。本习题集中的习题难度适中，题型分配合理，所列题型与教材内容紧密联系，且具有代表性，便于学生巩固所学知识。

本习题集的题量与章节内容有关，重点章节适当增加题目数量和难度，其他章节以够用为准。为使图样清晰，方便学生使用，本习题集中所有图样均利用AutoCAD绘图软件进行绘制，图线粗细分明。

本习题集根据《房屋建筑制图统一标准》（GB/T 50001—2017）、《总图制图标准》（GB/T 50103—2010）、《建筑制图标准》（GB/T 50104—2010）、《建筑结构制图标准》（GB/T 50105—2010）、《建筑给水排水制图标准》（GB/T 50106—2010）和《暖通空调制图标准》（GB/T 50114—2010）等标准进行编写。

本习题集由黄河交通学院吴艳丽担任主编，由黄河交通学院阴钰娇和曹瑞峰担任副主编，黄河交通学院郭艳、荆国松、董帅参与了本习题集部分内容的编写。具体编写分工如下：吴艳丽编写了点直线和平面的投影（3）、轴测投影（7）、标高投影（10）；阴钰娇编写了制图基本知识（1）、投影基本知识（2）；曹瑞峰编写了基本几何体的投影（4）、投影变换（5）；郭艳编写了立体的截交线与相贯线（6）；荆国松编写了组合体的投影（8）；董帅编写了剖面图和断面图（9）。

由于编者水平有限，书中错漏和欠妥之处在所难免，敬请读者和同行批评指正。

编　者

# 目　录

1. 制图基本知识 ······················································································· 1
2. 投影基本知识 ······················································································· 12
3. 点、直线和平面的投影 ········································································· 21
4. 基本几何体的投影 ················································································ 54
5. 投影变换 ···························································································· 59
6. 立体的截交线与相贯线 ········································································· 65
7. 轴测投影 ···························································································· 77
8. 组合体的投影 ······················································································· 85
9. 剖面图和断面图 ···················································································· 96
10. 标高投影 ·························································································· 102

## 1. 制图基本知识

班级　　　　　姓名

### 一、填空题

（1）图纸幅面按尺寸大小可分为＿＿＿＿种，图纸幅面代号分别为A0、＿＿＿＿＿＿＿＿。图框右下角必须有标题栏，标题栏中的文字方向为与看图方向一致。

（2）图线的种类有粗实线、＿＿＿＿＿＿＿＿＿＿＿＿＿＿＿＿＿＿＿＿＿＿＿等八类。

（3）图样中，机件的可见轮廓线用＿＿＿＿＿＿画出，不可见轮廓线用＿＿＿＿＿＿画出，尺寸线和尺寸界线用＿＿＿＿＿＿画出来，对称中心线和轴线用＿＿＿＿＿＿画出。虚线、细实线和细点画线的图线宽度约为粗实线的1/3。

（4）比例是指图中＿＿＿＿＿＿与＿＿＿＿＿＿之比。

（5）比例1：2是指实物尺寸是图形尺寸的2倍，属于＿＿＿＿＿＿＿。

（6）比例2：1是指图形尺寸是实物尺寸的2倍，属于＿＿＿＿＿＿＿。

（7）在绘图时应尽量采用＿＿＿＿＿＿＿的比例，需要时也可采用放大或缩小的比例，无论采用哪种比例，图样上标注的应是机件的＿＿＿＿＿＿尺寸。

（8）图样中书写的汉字、数字和字母，必须做到字体工整、＿＿＿＿，汉字应用＿＿＿＿体书写。

（9）标注尺寸的三要素是＿＿＿＿、＿＿＿＿、＿＿＿＿。

（10）尺寸标注中的符号：$R$表示＿＿＿＿＿＿，$\phi$表示＿＿＿＿，$S\phi$表示＿＿＿＿。

（11）图样上的尺寸是零件的＿＿＿＿＿＿尺寸，尺寸以＿＿＿＿＿＿为单位时，不需标注代号或名称。

（12）标准水平尺寸时，尺寸数字的字头方向应＿＿＿＿＿＿；标注垂直尺寸时，尺寸数字的字头方向应＿＿＿＿＿＿。角度的尺寸数字一律按位置书写。当任何图线穿过尺寸数字时都必须＿＿＿＿＿＿。

（13）斜度是指＿＿＿＿＿对＿＿＿＿＿的倾斜程度，用符号＿＿表示，标注时符号的倾斜方向应与所标斜度的倾斜方向＿＿＿＿＿。

（14）符号"∠1：10"表示＿＿＿＿，符号"⊿1：5"表示＿＿＿＿。

（15）平面图形中的线段可分为已知线段、中间线段、连接线段三种。它们的作图顺序应是先画出＿＿＿＿＿＿，然后画＿＿＿＿＿＿，最后画＿＿＿＿＿＿。

（16）已知定形尺寸和定位尺寸的线段叫＿＿＿＿＿＿；有定形尺寸，但定位尺寸不全的线段叫＿＿＿＿＿＿；只有定形尺寸没有定位尺寸的线段叫连接线段。

（17）图框线用＿＿＿＿＿画出，不可见轮廓线用＿＿＿＿＿＿画出。

（18）标题栏位于图纸的＿＿＿＿＿＿。

（19）同一机件如用不同的比例画出，其图形大小＿＿＿＿＿＿，但图上标注的尺寸数值＿＿＿＿＿＿。

### 二、选择题

（1）图纸的幅面的简称是（　　）。

　　A．图幅　　　B．图框　　　C．标题栏　　　D．会签栏

（2）图纸上限确定绘图区域的线框是指（　　）。

　　A．图幅　　　B．图框　　　C．标题栏　　　D．会签栏

（3）幅面代号为A0的图纸长、短边尺寸分别是（　　）。

## 1. 制图基本知识

  A. 1 189 mm、841 mm    B. 841 mm、594 mm
  C. 420 mm、297 mm    D. 297 mm、210 mm
（4）幅面代号为A1的图纸长、短边尺寸分别是（  ）。
  A. 1 189 mm、841 mm    B. 841 mm、594 mm
  C. 420 mm、297 mm    D. 297 mm、210 mm
（5）幅面代号为A2的图纸长、短边尺寸分别是（  ）。
  A. 1 189 mm、841 mm    B. 841 mm、594 mm
  C. 594 mm、420 mm    D. 297 mm、210 mm
（6）幅面代号为A3的图纸长、短边尺寸分别是（  ）。
  A. 1 189 mm、841 mm    B. 841 mm、594 mm
  C. 420 mm、297 mm    D. 297 mm、210 mm
（7）幅面代号为A4的图纸长、短边尺寸分别是（  ）。
  A. 1 189 mm、841 mm    B. 841 mm、594 mm
  C. 420 mm、297 mm    D. 297 mm、210 mm
（8）一个工程设计中，每个专业所使用的图纸除去目录及表格所采用的图纸幅面，一般不多于（  ）。
  A. 1种  B. 2种  C. 3种  D. 4种
（9）一般情况下，一个图样应选择的比例为（  ）。
  A. 1种  B. 2种  C. 3种  D. 4种
（10）图样及说明中的汉字宜采用（  ）。
  A. 长仿宋体  B. 黑体  C. 隶书  D. 楷体
（11）制图的基本规定要求数量的数值注写应采用（  ）。
  A. 正体阿拉伯数字    B. 斜体阿拉伯数字
  C. 正体罗马数字    D. 斜体罗马数字

（11）制图的基本规定要求数量的单位符号应采用（  ）。
  A. 正体阿拉伯数字    B. 斜体阿拉伯数字
  C. 正体字母    D. 斜体罗马数字
（12）绘制尺寸界线时应采用（  ）。
  A. 粗实线  B. 粗虚线  C. 细实线  D. 细虚线
（13）绘制尺寸起止符号时应采用（  ）。
  A. 中粗长线    B. 波浪线
  C. 中粗断线    D. 单点长划线
（14）尺寸起止符号倾斜方向与尺寸界线应成（  ）。
  A. 45°  B. 60°  C. 90°  D. 180°
（15）图样轮廓线以外的尺寸线，距图样最外轮廓线之间的距离，不宜小于（  ）mm。
  A. 10  B. 20  C. 5  D. 1
（16）平行排列的尺寸线的间距，宜为（  ）mm。
  A. 1~2  B. 2~3  C. 3~5  D. 7~10
（17）平行排列的尺寸线的间距，宜为（  ）mm。
  A. 1~2  B. 2~3  C. 3~5  D. 7~10
（18）标注球的半径尺寸时，应在尺寸前加注符号（  ）。
  A. $R$  B. $SR$  C. $RS$  D. $S$
（19）标注圆弧的弧长时，表示尺寸线应以（  ）。
  A. 箭头    B. 该圆弧同心的圆弧线表示
  C. 标注圆弧的弦长    D. 平行与圆弧的直线
（20）在薄板板面标注板厚尺寸时，应在厚度数字前加厚度符号（  ）。
  A. $R$  B. $t$  C. $L$  D. $S$

1. 制图基本知识

（21）一般制图的第一个步骤是（　　）。
　　A．绘制图样底稿　　　　　B．检查图样、修正错误
　　C．底稿加深　　　　　　　D．图纸整理
（22）一般制图的最后一个步骤是（　　）。
　　A．绘制图样底稿　　　　　B．检查图样、修正错误
　　C．底稿加深　　　　　　　D．图纸整理
（23）在平面图形中确定尺寸位置的点、直线称为（　　）。
　　A．尺寸基准　B．尺寸线　C．尺寸定位　D．尺寸标注
（24）用于确定平面图形中各个组成部分的形状和大小的尺寸是（　　）。
　　A．基准尺寸　B．定型尺寸　C．定位尺寸　D．标注尺寸
（25）用于确定平面图形中各组成部分的相对位置的尺寸是（　　）。
　　A．基准尺寸　B．定型尺寸　C．定位尺寸　D．标注尺寸

### 三、判断题（正确的打"√"，错误的打"×"）

（1）尺寸数字不可被任何图线穿过，当无法避免时可将图线在尺寸数字处断开。　　　　　　　　　　　　　　　　　　　　　　（　）
（2）工程图样是按中心投影法所得到的投影。　　　　　（　）
（3）剖切符号标明剖切位置，用细实线画在剖切位置的开始和终止处。　　　　　　　　　　　　　　　　　　　　　　　　　　（　）
（4）任何复杂的机件都可以看作由若干基本几何体组合而成。（　）
（5）相交是指两基本几何体表面光滑过渡。　　　　　　（　）
（6）零件的工艺结构，如倒角、倒圆、退刀槽、螺栓、螺母的表面曲线等，允许省略不画。　　　　　　　　　　　　　　　　　（　）
（7）当三个视图展开画在一张图纸上时，展开后的俯视图，上是上，下是下，左是左，右是右。　　　　　　　　　　　　　　　（　）
（8）图样上"∠"符号表示锥度，"△"符号表示斜度。　（　）
（9）局部放大图的表达方法与被放大部位的表达方法有关。（　）
（10）任何复杂的机件都可以看作由若干基本几何体组合而成。（　）
（11）在剖面图中，当剖切平面通过回转面形成的孔或凹坑的轴线时，这些结构应按剖视绘制。　　　　　　　　　　　　　　　（　）

### 四、作图题

1. 制图基本知识

(1) 临摹下列文字。

建筑工程技术设计制图审核比例日说明东南西北方向

平立剖钢筋混凝土框架承重结构基础楼梯屋面门窗阳

台雨篷勒脚散坡梁板柱水泥砂石砖木灰浆马赛克防潮

# 1. 制图基本知识

民用房屋墙柱梁挡板沟槽材料防潮层预应力卫生城市

住宅宿舍办公荷载规范标准坡道变缝承拉压破坏模板

施绑扎养护装配沉降观测开裂高差埋置深度砌体构造

1. 制图基本知识

长宽厚度标高形状大小体积轴线垂直前后左右上中下室内外地坪素土夯实踏
步安全栏杆卫生设备城市道路管系给排水暖电器照明油毡隔热挂瓦吊顶天棚
檐口伸缩缝现浇预制温度砌墙宿舍装配件张数量标准一二三四五六七八九十

# 1. 制图基本知识

绿豆面层保护找平架空隔热挂瓦顺水检查顶棚抹灰吊顶搁栅雨斗管沟过圈梁

预埋平拱磨石消防安全门百叶亮子铁栅铰链玻璃刨花木丝闸阀单元节点泡沫

通风备注栏定位轴线绘制描淋浴抗震洞幢牛腿喷涂准径隧涵轮廓冲洗乳胶漆

## 1. 制图基本知识　　　　　班级　　　　　姓名

(2) 临摹下列字母、数字或符号。

$h$ ↕ **ABCDEFGHIJKLMNOPQRSTUVWXYZ**

(7/10)$h$ ↕ **abcdefghijklmnopqrstuvwxyz**

**1234567890　ⅠⅤⅩ**　　　　　　　*ABCabcd1234　Ⅰ Ⅴ* 75°

1. 制图基本知识　　　班级　　　姓名

（3）试用A3幅面，1：1比例，铅笔抄绘所给图样，要求线型粗细分明，交接正确。

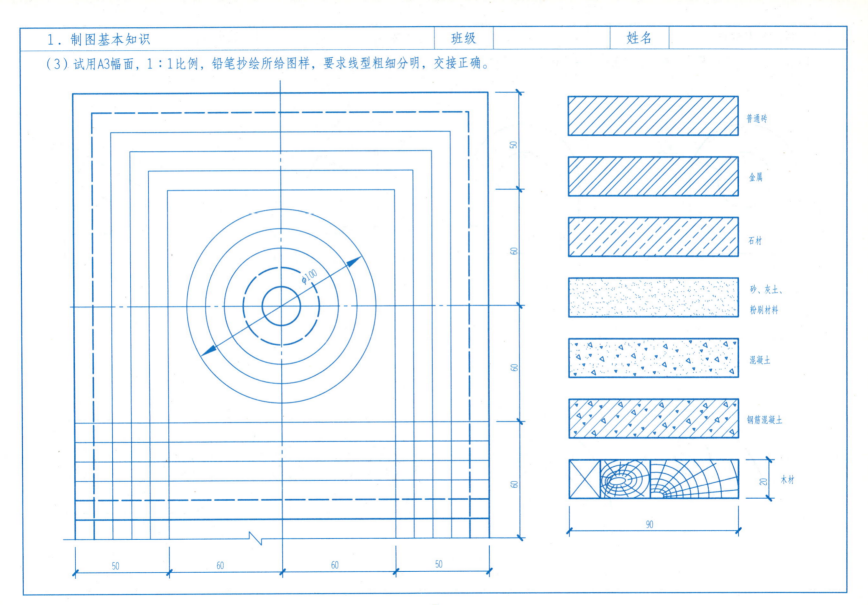

| 1. 制图基本知识 | 班级 | 姓名 |

（4）检查左图中已注尺寸的错误，将正确的注法标注在右图中。

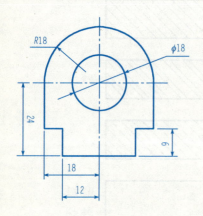  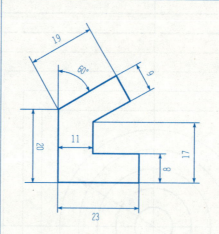 

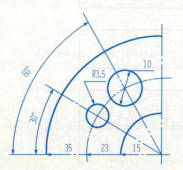  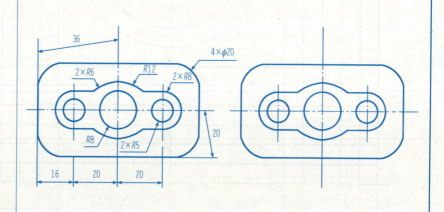

| 1. 制图基本知识 | | 班级 | | 姓名 | |

（5）试用A3幅面，1∶1比例，铅笔绘制仪器图，要求连接光滑，交接正确，线型粗细分明。

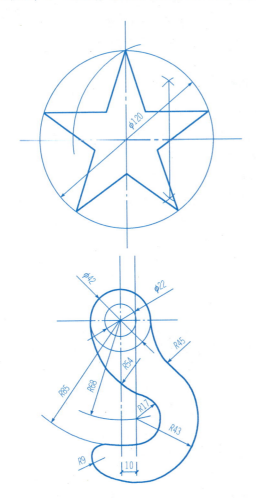

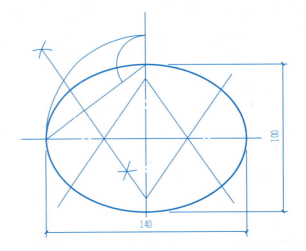

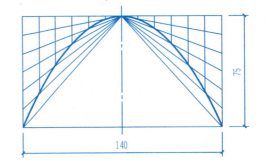

- 11 -

## 2. 投影基本知识

班级　　　　　姓名

### 一、填空题

（1）投影法分为_____投影法和_____投影法两大类，我们绘图时使用的是_____投影法中的_____投影法。

（2）当投射线互相_____，并与投影面_____时，物体在投影面上的投影叫_____。按正投影原理画出的图形叫_____。

（3）一个投影_____确定物体的形状，通常在工程上多采用_____。

（4）一个点在空间的位置有以下三种：_____、_____、_____。

（5）当直线（或平面）平行于投影面时，其投影_____，这种性质叫_____性；当直线（或平面）垂直于投影面时，其投影_____，这种性质叫_____性；当直线（或平面）倾斜于投影面时，其投影_____，这种性质叫_____性。

（6）主视图所在的投影面称为_____，简称_____，用字母_____表示。俯视图所在的投影面称为_____，简称_____，用字母_____表示。左视图所在的投影面称为_____，简称_____，用字母_____表示。

（7）主视图是由_____向_____投射所得的视图，它反映形体的_____和_____方位，即_____方向；俯视图是由_____向_____投射所得的视图，它反映形体的_____和_____方位，即_____方向；左视图是由_____向_____投射所得的视图，它反映形体的_____和_____方位，即_____方向。

（8）三视图的投影规律是：主视图与俯视图_____；主视图与左视图_____；俯视图与左视图_____。远离主视图的方向为_____方，靠近主视图的方向为_____方。

### 二、单选题

（1）在制图中，把光源称为（　　）。
　　A. 投影中心　B. 投影线　　C. 投影面　　D. 投影法

（2）在制图中，把光线称为（　　）。
　　A. 投影中心　B. 投影线　　C. 投影面　　D. 投影法

（3）在制图中，把承受影子的面称为（　　）。
　　A. 投影中心　B. 投影线　　C. 投影面　　D. 投影法

（4）在制图中，形成投影的方法称为（　　）。
　　A. 投影中心　B. 投影线　　C. 投影面　　D. 投影法

（5）在投影中心与投影面距离不变的情况下，形体距投影中心越近，则影子（　　）。
　　A. 越大　　B. 越小　　C. 不变　　D. 无法确定

（6）在投影中心与投影面距离不变的情况下，形体距投影中心越远，则影子（　　）。
　　A. 越大　　B. 越小　　C. 不变　　D. 无法确定

（7）由一点放射的投射线所产生的投影称为（　　）。
　　A. 中心投影　B. 水平投影　C. 垂直投影　D. 正投影

（8）由相互平行的投射线所产生的投影称为（　　）。
　　A. 中心投影　B. 水平投影　C. 垂直投影　D. 正投影

（9）形成物体的最基本几何元素包括（　　）。

## 2. 投影基本知识

　　A. 点、直线和平面　　　　B. 点、曲线和曲面
　　C. 点、曲线和平面　　　　D. 曲面、曲线、直线

（10）点的正投影仍然是点，直线的正投影一般仍为直线（特殊情况例外），平面的正投影一般仍为原空间几何形状的平面（特殊情况例外），这种性质称为正投影的（　　）。
　　A. 同素性　　B. 从属性　　C. 定比性　　D. 平行性

（11）点在直线上，点的正投影一定在该直线的正投影上，点、直线在平面上，点和直线的正投影一定在该平面的正投影上，这种性质称为正投影的（　　）。
　　A. 同素性　　B. 从属性　　C. 定比性　　D. 平行性

（12）线段上的点将该线段分成的比例，等于点的正投影分线段的正投影所成的比例，这种性质称为正投影的（　　）。
　　A. 同素性　　B. 从属性　　C. 定比性　　D. 平行性

（13）两直线平行，它们的正投影也平行，且空间线段的长度之比等于它们正投影的长度之比，这种性质称为正投影的（　　）。
　　A. 同素性　　B. 从属性　　C. 定比性　　D. 平行性

（14）当线段或平面平行于投影面时，其线段的投影长度反映线段的实长，平面的投影与原平面图形全等，这种性质称为正投影的（　　）。
　　A. 同素性　　B. 从属性　　C. 定比性　　D. 全等性

（15）当直线或平面垂直于投影面时，其直线的正投影积聚为一个点；平面的正投影积聚为一条直线。这种性质称为正投影的（　　）。
　　A. 积聚性　　B. 从属性　　C. 定比性　　D. 全等性

（16）H 面是指（　　）。
　　A. 水平投影面　　　　　　B. 侧立投影面
　　C. 正立投影面　　　　　　D. 底面投影面

（17）W 面是指（　　）。
　　A. 水平投影面　　　　　　B. 侧立投影面
　　C. 正立投影面　　　　　　D. 底面投影面

（18）V 面是指（　　）。
　　A. 水平投影面　　　　　　B. 侧立投影面
　　C. 正立投影面　　　　　　D. 底面投影面

（19）在 H 面上得到的正投影图叫（　　）。
　　A. 水平投影图　　　　　　B. 正面投影图
　　C. 侧面投影图　　　　　　D. 底面投影图

（20）在 V 面上得到的正投影图叫（　　）。
　　A. 水平投影图　　　　　　B. 正面投影图
　　C. 侧面投影图　　　　　　D. 底面投影图

（21）在 W 面上得到的正投影图叫（　　）。
　　A. 水平投影图　　　　　　B. 正面投影图
　　C. 侧面投影图　　　　　　D. 底面投影图

（22）投影面展开之后，W 面、H 面两个投影都反映形体的宽度，这种关系称为（　　）。
　　A. 长对正　　B. 高平齐　　C. 高平正　　D. 宽相等

（23）投影面展开之后，V 面、W 面两个投影上下对齐，这种关系称为（　　）。
　　A. 长对正　　B. 高平齐　　C. 高平正　　D. 宽相等

（24）多面正投影图是（　　）。
　　A. 用平行投影的正投影法绘制的多面投影图
　　B. 用平行投影的正投影法绘制的单面投影图

2. 投影基本知识

  C．用中心投影法绘制的单面投影图
  D．在物体的水平投影上加注某些特征面、线以及控制点的高度数值的单面正投影

（25）轴测投影图是（  ）。
  A．用平行投影的正投影法绘制的多面投影图
  B．用平行投影的正投影法绘制的单面投影图
  C．用中心投影法绘制的单面投影图
  D．在物体的水平投影上加注某些特征面、线以及控制点的高度数值的单面正投影

（26）透视投影图是（  ）。
  A．用平行投影的正投影法绘制的多面投影图
  B．用平行投影的正投影法绘制的单面投影图
  C．用中心投影法绘制的单面投影图
  D．在物体的水平投影上加注某些特征面、线以及控制点的高度数值的单面正投影

（27）标高投影图是（  ）。
  A．用平行投影的正投影法绘制的多面投影图
  B．用平行投影的正投影法绘制的单面投影图
  C．用中心投影法绘制的单面投影图
  D．在物体的水平投影上加注某些特征面、线以及控制点的高度数值的单面正投影

## 三、作图题

2. 投影基本知识　　　　　　　　　　　　　班级　　　　　姓名

（1）回答下列投影图的名称。

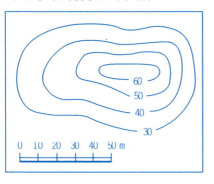 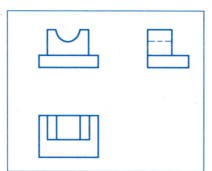 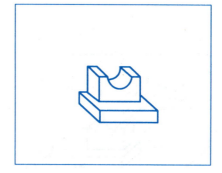

_____　　　　　_____　　　　　_____

（2）根据轴测图找出对应的投影图，并在括号内填写物体的方位。

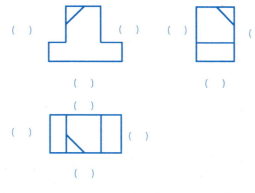

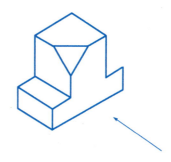

- 15 -

## 2. 投影基本知识　　　　班级　　　　姓名

（3）根据立体的轴测图及其在三面投影体系中所处的位置，画出其三视图，并回答问题。

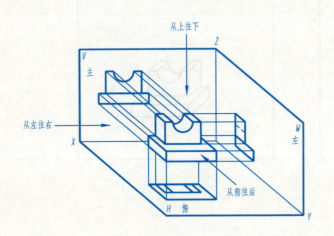

写出视图间的三等关系：
主、俯视图＿＿＿＿＿
主、左视图＿＿＿＿＿
俯、左视图＿＿＿＿＿

视图所反映物体的方位关系：
主视图反映物体的＿＿＿＿和＿＿＿＿；
左视图反映物体的＿＿＿＿和＿＿＿＿；
俯视图反映物体的＿＿＿＿和＿＿＿＿。
俯、左视图远离主视图的一边，表示物体的＿＿＿面；
靠近主视图的一边，表示物体的＿＿＿＿。

2. 投影基本知识　　班级　　　　姓名

（4）根据轴测图找出对应的投影图，并在括号内填写物体的方位。

① 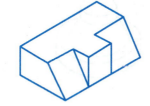　　　　②

( )　　　　　　　　( )　　　　　　　　　　　( )　　　　　　　( )
( )　　　　( )　( )　　　　( )　　　( )　　　　( )　( )　　　( )
( )　　　　　　　　( )　　　　　　　　　　　( )　　　　　　　( )

( )　　　　　　　　　　　　　　　　　　　　( )
( )　　　　　　( )　　　　　　　　　　( )　　　　　( )
( )　　　　　　　　　　　　　　　　　　　　( )

- 17 -

| 2．投影基本知识 | 班级 | 姓名 |

(5) 根据轴测图找出对应的投影图，并在括号内填写物体的方位。

①    ②

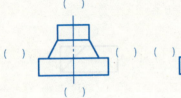        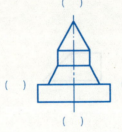   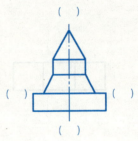

- 18 -

2. 投影基本知识　　　　　班级　　　　　姓名

(6) 根据轴测图补全三视图。

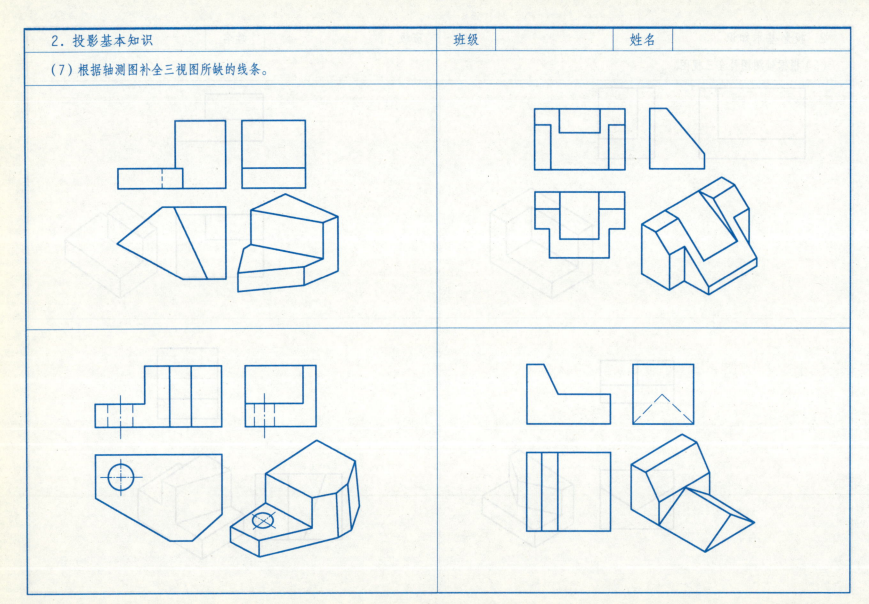

3. 点、直线和平面的投影　　　　班级　　　　姓名

一、选择题

（1）属于一般位置线投影特性的是（　　）。
　　A. 三斜三短　　B. 两平一斜　　C. 两垂一点　　D. 两面一线
（2）若直线倾斜于某一投影面，则直线在该投影面上的投影（　　）。
　　A. 积聚成一点　　　　　　B. 为缩短的直线
　　C. 等于实长　　　　　　　D. 类似于实长
（3）若一直线$H$面和$W$面投影都垂直于$Y$轴，则该直线一定为（　　）。
　　A. 水平线　　B. 正平线　　C. 正垂线　　D. 铅垂线
（4）若平面平行于某一投影面，则在该投影面上的投影（　　）。
　　A. 积聚成线　　B. 为实形　　C. 为类似形　　D. 为相似形
（4）已知$A$点的坐标（20，10，5），则$A$点到$W$面的距离为（　　）。
　　A. 20　　B. 15　　C. 10　　D. 5
（5）关于三面正投影图投影关系说明，错误的是（　　）。
　　A. $H$面投影不反映形体的高度
　　B. $V$面投影和$W$面投影都反映了形体的高度
　　C. $V$面投影和$H$面投影都可以反映形体的长度
　　D. $H$面投影和$W$面投影都能反映形体的高度
（6）一平面与两个投影面倾斜，与第三个投影面垂直，称为（　　）。
　　A. 一般位置面　　　　　　B. 投影面平行面
　　C. 投影面垂直面　　　　　D. 任意斜面
7. 在三面投影中，高平齐反映的投影规律是指（　　）。
　　A. $V$面投影和$H$面投影　　B. $W$面投影和$H$面投影
　　C. $W$面投影和$V$面投影　　D. $H$面投影和$V$面投影
（8）垂直于$V$面，倾斜于$H$面和$W$面的平面称为（　　）。
　　A. 水平面　　B. 正平面　　C. 正垂面　　D. 铅垂面
（9）若平面垂直于某一投影面，则此平面在该投影面上的投影为（　　）。
　　A. 直线　　B. 实形　　C. 类似形　　D. 相似形
（10）若一平面$W$面投影为一斜线，则该平面一定为（　　）。
　　A. 水平面　　B. 正平面　　C. 正垂面　　D. 侧垂面
（11）若一直线$V$面和$H$面投影都垂直于$X$轴，则该直线一定（　　）。
　　A. 水平线　　B. 正平线　　C. 侧平线　　D. 侧垂线
（12）若一平面，其$H$面和$W$面投影为垂直于$Y$轴的直线，则该平面一定为（　　）。
　　A. 水平面　　B. 正平面　　C. 正垂面　　D. 铅垂面
（13）若一平面，其$V$面投影为一斜线，则该平面一定为（　　）。
　　A. 水平面　　B. 正平面　　C. 正垂面　　D. 铅垂面
（14）三面正投影图中，每个投影图都可以反映物体的4个方位，正确的说法是（　　）。
　　A. $V$面投影反映上下、前后关系
　　B. $H$面投影反映左右、上下关系
　　C. $V$面投影反映前后、左右关系
　　D. $W$面投影反映前后、上下关系
（15）已知$A$点的坐标（5，20，15），$B$点的坐标（10，10，15），则$A$点在$B$点的（　　）。
　　A. 正右方　　B. 右方前方　　C. 右前上方　　D. 左后下方
（16）在正投影的三面投影展开图中，$A$点的水平投影$a$和正面投影$a'$的连线必定与$OX$轴（　　）。
　　A. 平行　　B. 倾斜　　C. 垂直　　D. 交叉

— 21 —

### 3. 点、直线和平面的投影　　班级　　　　姓名

（17）若直线倾斜于某一投影面，则直线在该投影面上的投影（　　）。

　　A. 积聚成一点　　　　　　B. 为缩短的直线

　　C. 等于实长　　　　　　　D. 类似于实长

（18）已知A点的坐标（x, y, z），则确定A点的H面投影坐标为（　　）。

　　A. x, y　　B. y, z　　C. x, z　　D. x

（19）空间一直线，V面投影为斜直线，H面、W面投影分别是OX轴及OZ轴的平行线，该直线称为（　　）。

　　A. 水平线　　B. 正平线　　C. 侧平线　　D. 铅垂线

（20）若平面倾斜于某一投影面，则其在该投影面上的投影（　　）。

　　A. 积聚成线　　　　　　　B. 显实线框

　　C. 为类似形线框　　　　　D. 积聚成一点

（21）在三面投影图的展开图中，A点的侧面投影a″和正面投影a′的连线必定垂直于（　　）。

　　A. OX轴　　B. OZ轴　　C. OY轴　　D. OH轴

（22）平行投射线由前向后垂直于V面，则在V面上得到的投影称为（　　）。

　　A. 正立投影图　　　　　　B. 水平投影图

　　C. 侧立投影图　　　　　　D. 背投影图

（23）关于三面正投影图展开方法说明，错误的是（　　）。

　　A. V面不动，W面向上或向下旋转

　　B. V面不动，H面绕X轴旋转

　　C. W面向右旋转90°

　　D. H面向下旋转90°

（24）已知A点的坐标（10, 10, 20），B点的坐标（10, 10, 15），则点A、B重影的投影面为（　　）。

　　A. H面　　B. V面　　C. W面　　D. 正面

（25）在V面投影图上，其上下方向的尺寸称为（　　）。

　　A. 长度　　B. 宽度　　C. 高度　　D. 垂直度

（26）一直线与两个投影面倾斜，与第三个投影面平行，则该直线为（　　）。

　　A. 投影面垂直线　　　　　B. 投影面平行线

　　C. 一般位置线　　　　　　D. 任意斜线

二、作图题

| 3.1.1 点的投影规律 | 班级 | 姓名 |

(1) 画出形体的三面投影图，并注出形体上各点的三面投影。

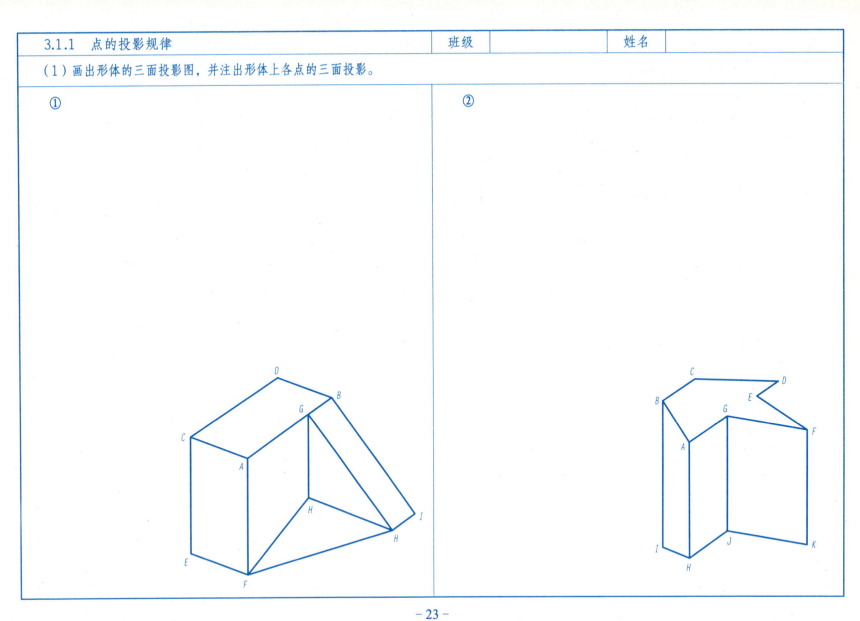

3.1.1 点的投影规律　　　　　　　　　班级　　　　　　　姓名

(2) 已知点的两面投影，补全第三投影图。

(3) 指出下列各点的空间位置。

A点在（　　　　）；B点在（　　　　）；
C点在（　　　　）；D点在（　　　　）。

- 24 -

3.1.2　点的坐标　　　　　　　　　　　　　班级　　　　　　姓名

（1）已知点 A（16，8，20）、点 B（20，0，8）、点 C（0，0，16）的坐标，求它们的投影图和立体图。

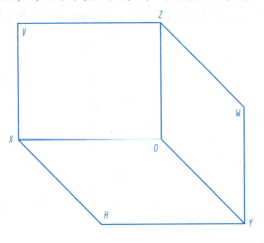

（2）已知各点的空间位置，画出它们的投影图，投影尺寸从空间图中量取，括号内字母代表一点有多个含义。

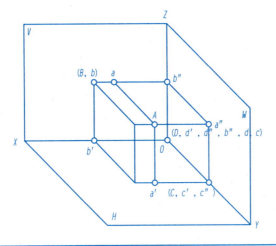

### 3.1.2 点的坐标

班级　　　　　　姓名

（3）已知点A到H面、V面的距离相等，求$a'$、$a''$。如果使点B到H面、V面、W面的距离相等，点B的三个坐标值有什么关系，作出点B的各投影。

（4）已知A、B、C三点的各一投影$a''$、$b$、$c'$，且$Bb=8$，$Aa''=16$，$Cc'=3$，试完成各点的三面投影，并用直线连接各同面投影。

| 3.1.3 点的坐标 | 班级　　　　　姓名 |

(1) 求出下列各点的第三投影图，并判断各点的相对位置。

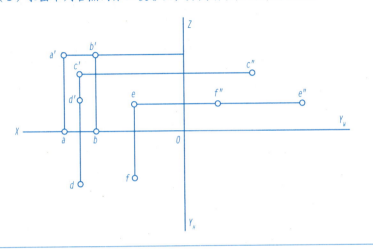

(2) 已知C、D两点等宽，点D在点C之上6，$Cc=16$，且C、D两点的V面投影相距24，求作C、D两点的两面投影。

(3) 已知点B在点A的正下方的H面上，点C在点A的正左方16mm，求B、C两点的投影，并判别重影点的可见性。

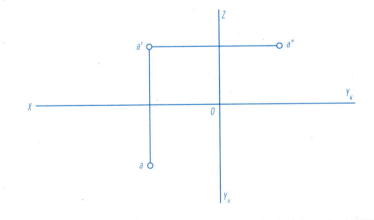

(4) 已知点A距W面16mm；点B与点A在W面上的投影重合；点C与点A是对正面的重影点，其Y坐标为26mm；点D在点A的正下方12mm。试补全各点的三面投影，并判定其可见性。

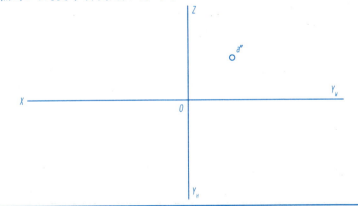

| 3.1.3 点的坐标 | 班级 | 姓名 |

(5) 已知点 $A(8,8,16)$；点 $B$ 距离投影面 $W$、$V$、$H$ 分别为 16、12、8；点 $C$ 在点 $A$ 左方 4、前方 8、上方 4，作出 $A$、$B$、$C$ 的三面投影。

3.2.1 直线的投影　　　　　班级　　　　　姓名

（1）求下列直线的第三投影，并判别各直线与投影面的相对位置。

①

AB是_____

②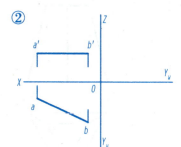

AB是_____

③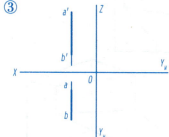

AB是_____

④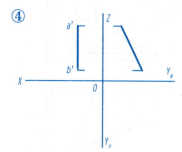

AB是_____

⑤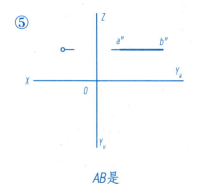

AB是_____

⑥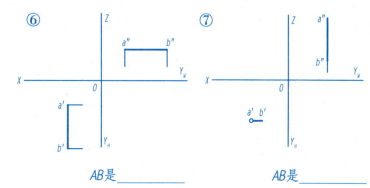

AB是_____　　　　　AB是_____

⑧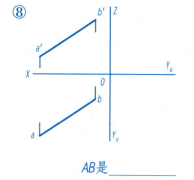

AB是_____

- 29 -

| 3.2.1 直线的投影 | 班级 | 姓名 |

(2) 在物体的投影图中标出AB、BC、CD棱线的三面投影。

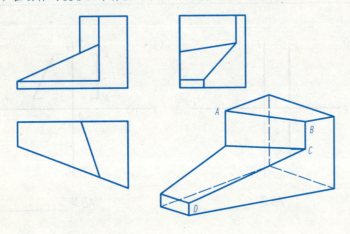

(3) 判断立体表面上所指定棱线的空间位置。

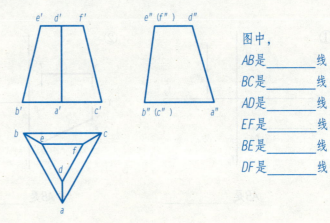

图中，

AB是_____线

BC是_____线

AD是_____线

EF是_____线

BE是_____线

DF是_____线

(4) 作出下列直线的三面投影。

1) 正平线AB，点B在点A之右上方，$\gamma=60°$，AB=18 mm。

2) 正垂线CD，点D在点C之后，CD=15 mm。

3) 作水平线AB，使AB=20 mm，$\beta=60°$。

4) 作侧平线CD，使CD=15 mm，$\alpha=30°$。

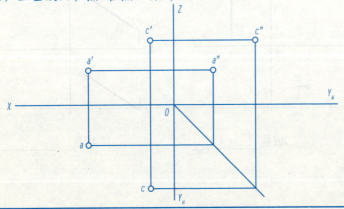

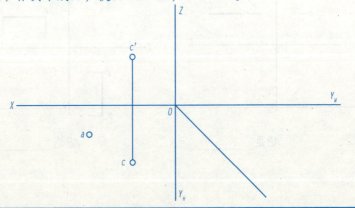

3.2.1 直线的投影　　　　班级　　　　姓名

（5）作水平线AB的三面投影。已知点A距H面为18，距V面为9，距W面为12，AB与V面夹角为30°，实长为27，点B在点A的左前方。

（6）已知点A（15，5，10），过点A作一实长为15mm的铅垂线AB，点B在点A之上。

（7）过点K作一水平线KA，到H面距离为15mm，α=45°，点A在点K右前方，两端点△Y=10mm。

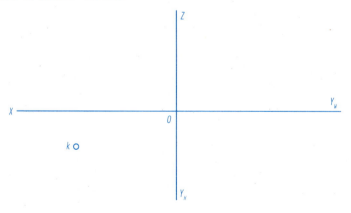

（8）求线段AB的实长及其与H面、V面的倾角α、β。

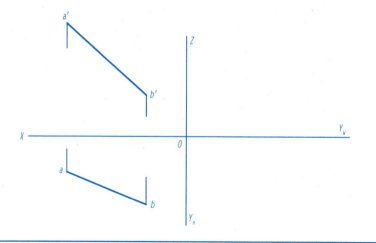

| | |
|---|---|
| 3.2.1 直线的投影 | 班级　　　　　姓名 |

（9）已知线段CD=45 mm，求其正面投影。

（10）已知a′ b′及a，β=30°，且点B在点A的后方，求AB实长及ab。

（11）已知线段EF=30 mm，其投影e′ f′及e″，求EF上的点K的投影，使EK=10 mm。

（12）在AB上确定一点K，使得AK=15 mm，求点K的三面投影。

- 32 -

### 3.2.1 直线的投影

班级　　　　　姓名

（13）求作直线AB的水平投影，并在直线AB上求一点C，使点C距H面、V面距离相等。

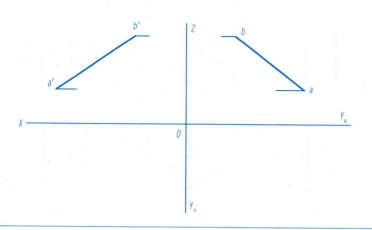

（14）判断点K是否在直线AB上。

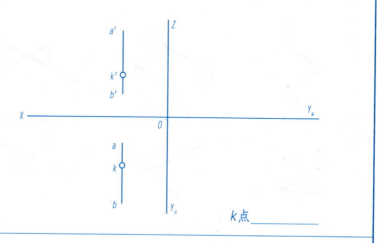

k点_____

（15）求直线AB上点C的投影，使AC∶CB=3∶5；确定点D，使其坐标z=1.5y。

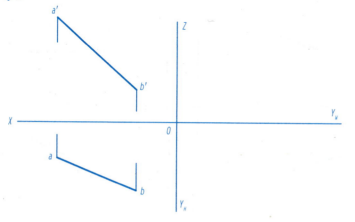

（16）已知直线AC为正平线，试补全平行四边形ABCD的水平投影。

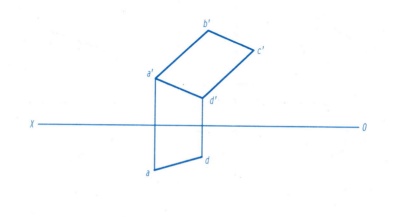

3.2.1 直线的投影　　　　　　　　　　班级　　　　　　姓名

（17）判定下列两直线的相对位置关系。

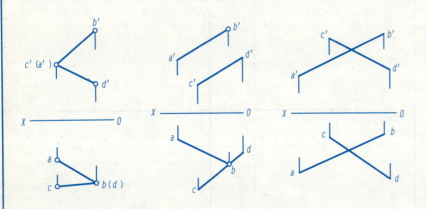
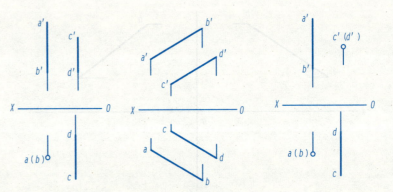
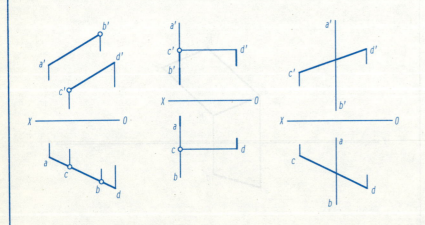
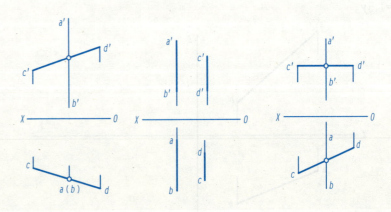

3.2.2 两直线的相对位置　　　　　　　　　　　　班级　　　　　　姓名

(1) 过点C作线段CD，使CD∥AB，CD的实长为30 mm。

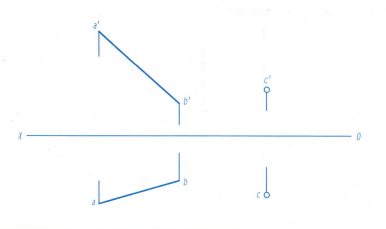

(2) 作线段GH=25，使其与CD和EF相交且与AB平行。

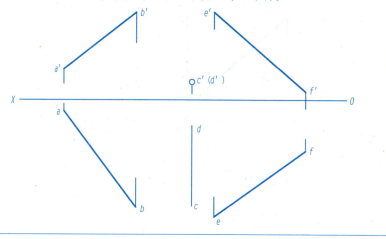

(3) ①过点A作一直线与直线EF平行；②过点A作一直线与直线EF相交，交点B距V面为10。

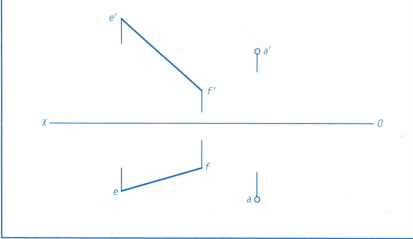

(4) 求作直线EF，使EF与直线CD交于V面之前16 mm的E点，且EF∥AB，EF的真长为18 mm。

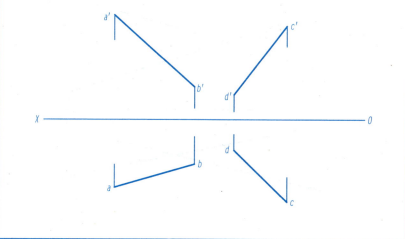

| 3.2.2 两直线的相对位置 | 班级　　　　　姓名 |

(5) 过点C作一直线与AB相交，使交点K与V、H投影面等距离。

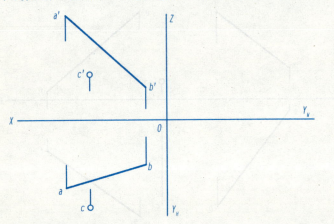

(6) 已知一直线与直线AB、CD都相交，且与直线EF交于分线段EF成3∶4的点，求作该直线的两面投影。

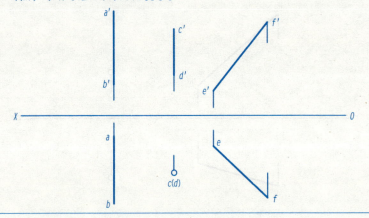

(7) 判别交叉直线重影点的可见性。

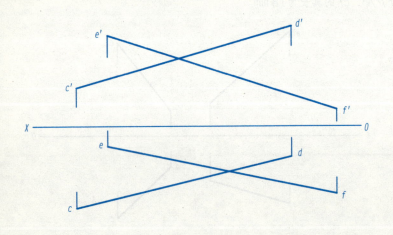

(8) 作两交叉线AB、CD的公垂线，并表明AB、CD之间的真实距离。

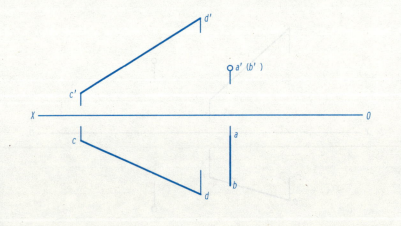

3.2.2 两直线的相对位置

（9）已知AC为水平线，作出等腰三角形△ABC（B为顶点）的水平投影。

（10）过点E作线段AB、CD的公垂线EF。

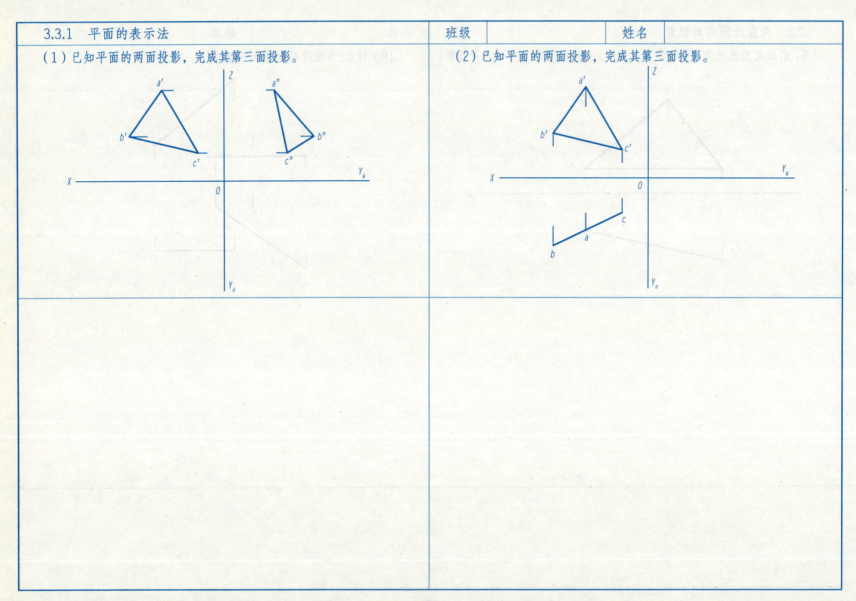

3.3.2 各种位置平面的投影　　　班级　　　　姓名

(1) 在投影图中标出指定平面的其他两个投影，在轴测图上用相应的大写字母标出各平面的位置，并写出指定特殊位置平面的名称。

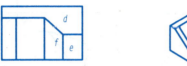  

(2) 判别平面与投影面的相对位置，并作其第三面投影。

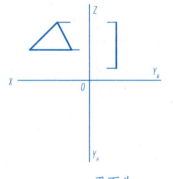 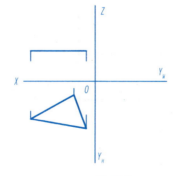 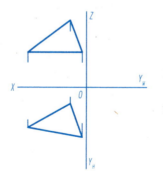 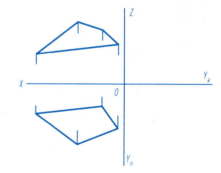

　平面为____　　　　平面为____　　　　平面为____　　　　平面为____

- 39 -

### 3.3.2 各种位置平面的投影

班级　　　　　姓名

（3）写出下列投影面的名称和角度，并作其第三面投影。

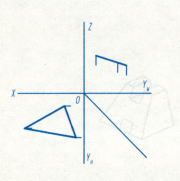 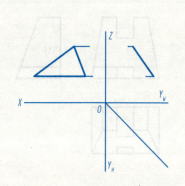 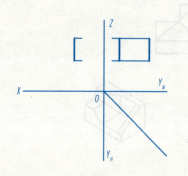 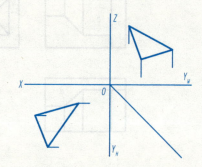

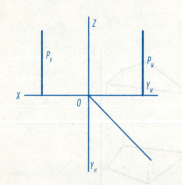 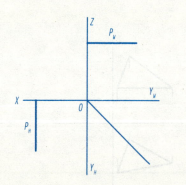 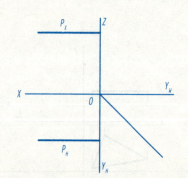 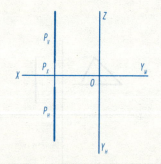

3.3.2 各种位置平面的投影

（4）已知正垂面P的正面迹线PV以及其上的△ABC的水平投影，补全正垂面的正面迹线和水平迹线，以及△ABC的三面投影。

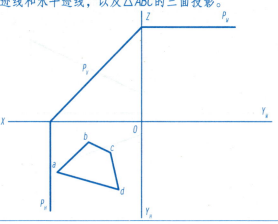

（5）作等边△ABC∥W面。

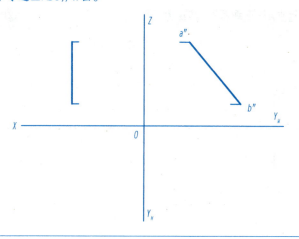

（6）以AB为对角线作菱形⊥H面。

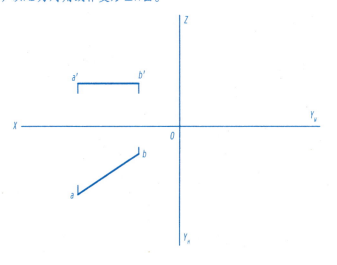

（7）已知AB为正方形ABCD铅垂面的左后边，$\beta=30°$，补全其三面投影；已知水平面正三角形EFG的顶点E的三面投影，后边FG为侧垂线，边长为25 mm，补全其三面投影。

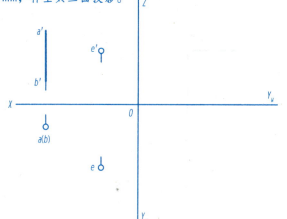

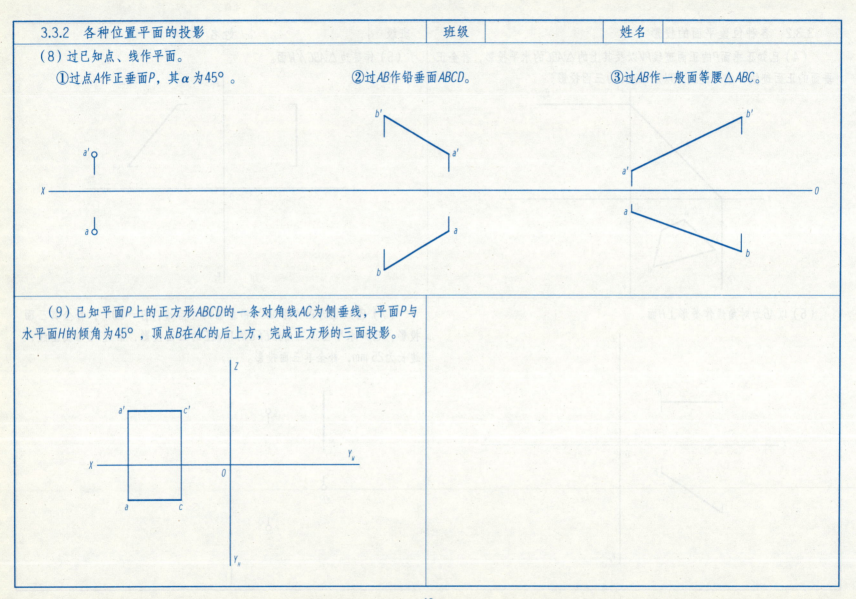

3.3.3　平面上的点和直线　　　　班级　　　　姓名

（1）已知直线L和点D在△ABC上，试完成左视图；试判断点K是否在△ABC上。

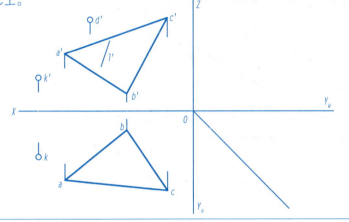

（2）已知正方形ABCD的边CD为正平线，且CD的侧面投影及正方形的正面投影，补全正方形的侧面及水平投影。

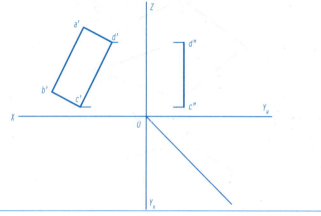

（3）在平行四边形ABCD平面上取一点E，使其距离V面25 mm，距离W面10 mm，求作点E的三面投影。

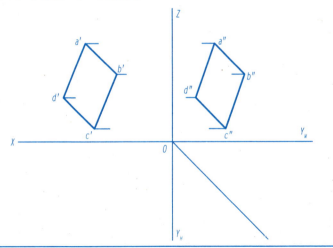

（4）已知△ABC在平面EFGH内，补画其水平投影，并完成第三投影图。

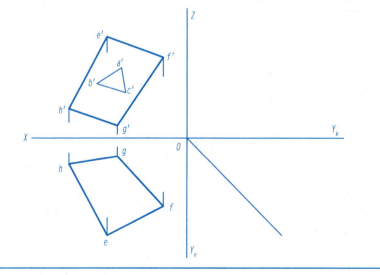

- 43 -

3.3.3 平面上的点和直线

（5）完成平面图形ABCDEF的水平投影。

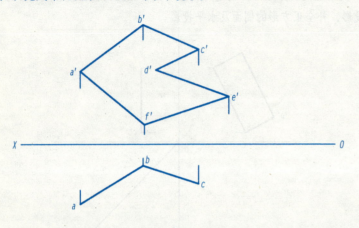

（6）已知一正方形ABCD的一边BC的H面、V面投影，另一边AB的V面投影方向，补全此正方形ABCD的三面投影。

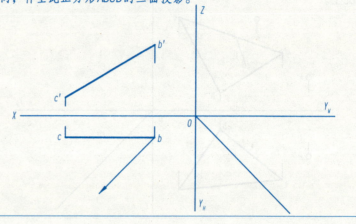

（7）已知正方形ABCD的水平投影abcd为矩形，试完成其正面投影。

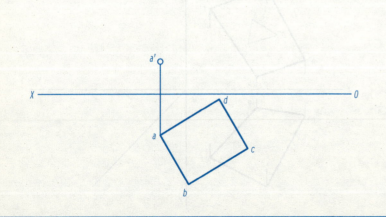

### 3.3.4 平面上的最大坡度线

（1）求△ABC的实形，其中AC为水平线、AB为正平线。

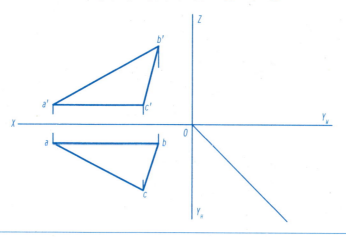

（2）已知平行四边形ABCD上有一个直角等腰三角形△EFG，FG为水平线，直角顶点E在FG的后上方，求作平面ABCD的α倾角，并完成直角等腰△EFG的两面投影。

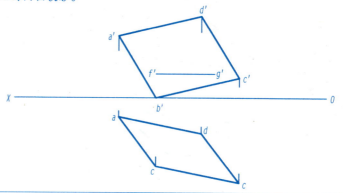

（3）求对V面倾角为α=60°的等腰△ABC，点C在H面上。

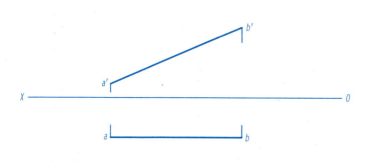

（4）求三角形对H面的倾角α。

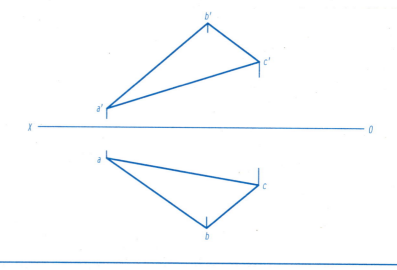

3.4.1　直线与平面、平面与平面平行　　　班级　　　　　姓名

（1）过点M作直线MN平行于H面和平面ABC。

（2）过点A作直线平行于平面P和△BCD。

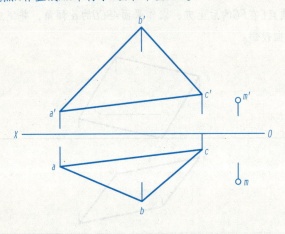

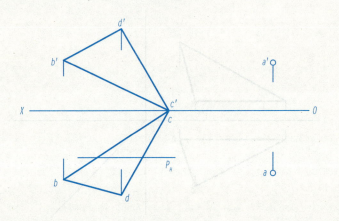

（3）已知正垂面△DEF，求作下列平面和直线：①过点A作平面P∥△DEF；②过正垂线BC作平面Q∥△DEF；③IJ∥△DEF，补全直线IJ的正面投影；④过点K作正平线KL∥△DEF，长度任意。

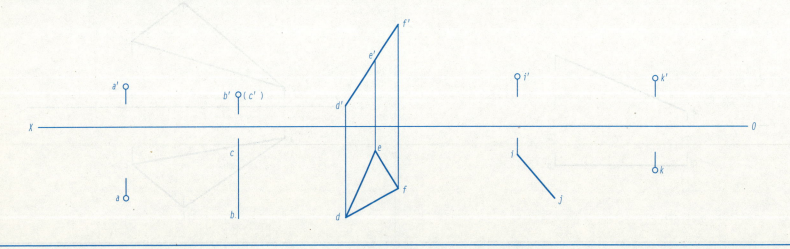

- 46 -

3.4.1 直线与平面、平面与平面平行　　　班级　　　　姓名

（4）试判断两平面是否平行。

| 3.4.2 直线与平面、平面与平面相交 | 班级　　　　姓名 |
|---|---|

(1) 求直线与平面的交点，并判断可见性。　　　　(2) 求直线AB与平面CDE的交点。

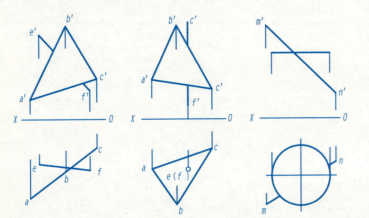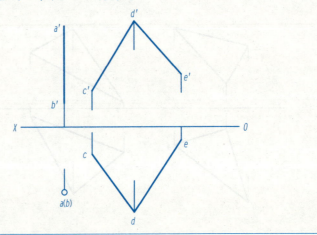

(3) 求直线MN与平面ABC的交点K并判别可见性。

①平面为特殊位置。　　　　　　　　　　　　　②直线为特殊位置。

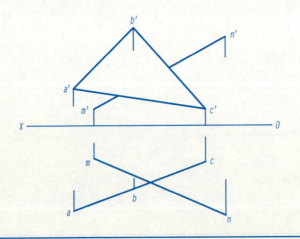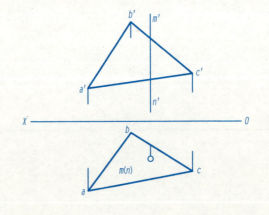

- 48 -

3.4.2 直线与平面、平面与平面相交　　　班级　　　　姓名

(4) 试判断两平面是否平行。

① ② ③ ④

3.4.2 直线与平面、平面与平面相交　　　班级　　　　姓名

（5）求两平面的交线MN，并判别可见性。

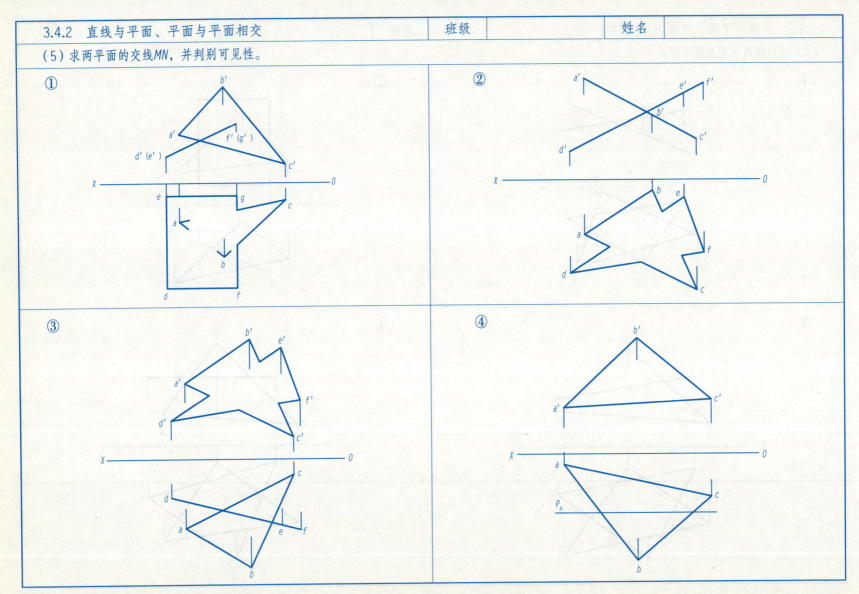

### 3.4.3 直线与平面、平面与平面垂直

（1）平面由 △BDF 给定，求平面外点 M 到平面的距离。

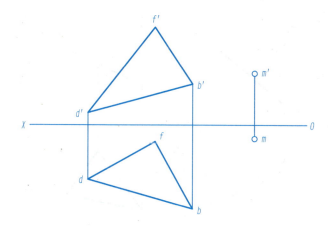

（2）平面由两平行线 AB、CD 给定，试判断直线 MN 是否垂直于定平面。

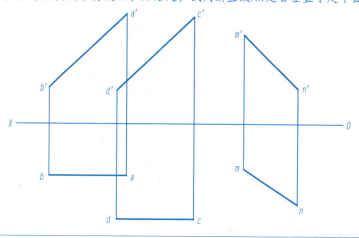

（3）试过定点 K 作特殊位置平面的法线。

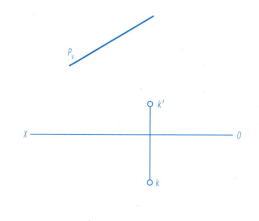
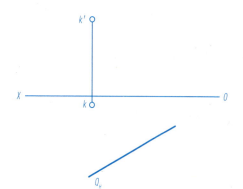
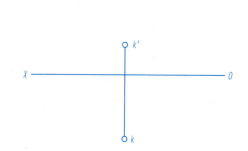

- 51 -

| 3.4.3 直线与平面、平面与平面垂直 | 班级 | 姓名 |

**（4）试判断△ABC与相交两直线KG和KH所给定的平面是否垂直。**

**（5）过点A作平面平行于BC，垂直于△DEF。**

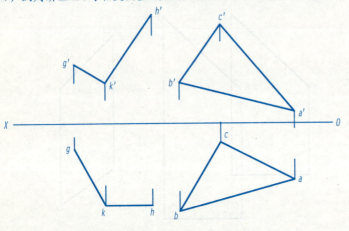

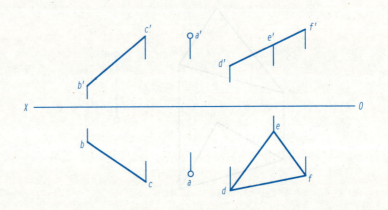

**（6）平面由△BDF给定，试过定点K作已知平面的垂直面。**

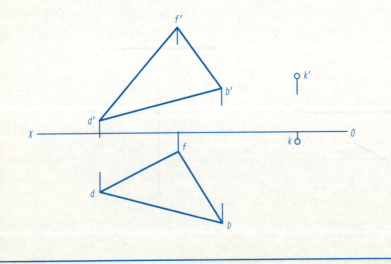

— 52 —

3.4.3 直线与平面、平面与平面垂直　　班级　　　　姓名

（7）已知平面P、Q，直线AB、CD，求作下列直线或平面：①过点E作直线EF⊥平面P，直线EG⊥平面Q；②过直线IJ作平面IJK⊥平面P，过直线IJ作平面R⊥平面Q；③过点U作平面S⊥AB，作平面T⊥CD。

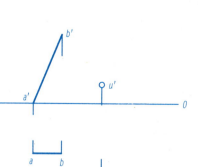

| 4. 基本几何体的投影 | 班级　　　　　姓名 |
|---|---|
| （1）作出五棱柱的侧面投影，并补全其表面上A、B、C、D四点的三面投影。<br>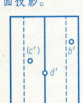 | （2）作出三棱锥的侧面投影，并补全A、B的三面投影。<br> |
| （3）补画六棱柱的侧面投影，并补全其表面上的点。<br>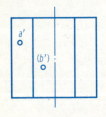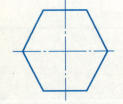 | （4）补出圆柱的侧面投影图及其表面上各点的投影。<br>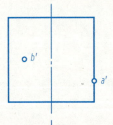 |

4. 基本几何体的投影 　　班级　　　　　姓名

(5) 补出圆锥的侧面投影图及其表面上各点的投影。

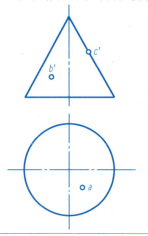

(6) 作出圆锥体的水平投影，补全其表面上各点的三面投影。

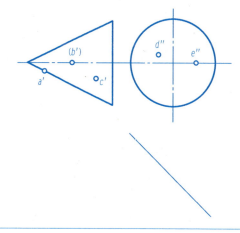

(7) 补出球面的侧面投影图及其表面上各点的投影。

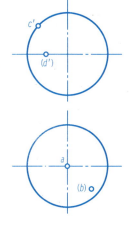

(8) 已知圆环面上的曲线 AD 的水平投影，求正面投影。

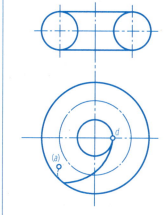

### 4. 基本几何体的投影 | 班级 | 姓名

(9) 补出圆柱的侧面投影图及其表面上曲线的投影。

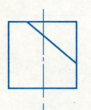

(10) 补出圆锥的侧面投影及其表面上的曲线的投影。

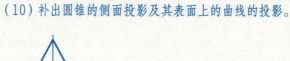
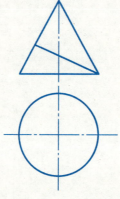

(11) 补出球面的侧面投影图及其表面上曲线的投影。

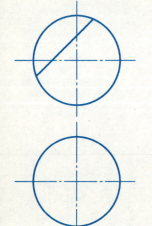

(12) 以直线AB和曲线CD为导线，V面为导平面，绘制锥状面的投影图。

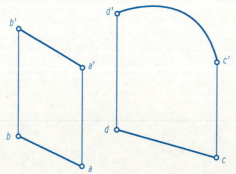

- 56 -

| 4．基本几何体的投影 | 班级 | 姓名 |

（13）以曲线AB和曲线CD为导线，V面为导平面，绘制柱状面的投影图。

（14）在已知圆柱上做出导程为40 mm的右螺旋线的投影图，并判断可见性。

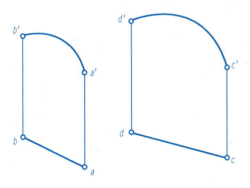

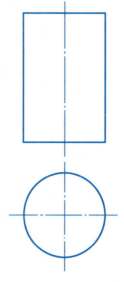

（15）已知圆柱的正螺旋面的外径是60 mm，内径是20 mm，导程为35 mm，作出一个导程的右螺旋面的投影图，并判断可见性。

### 4. 基本几何体的投影

（16）已知右旋螺旋楼梯的一个导程有12级，踏步高为1/12导程，梯板厚=踏步高，作出其投影。

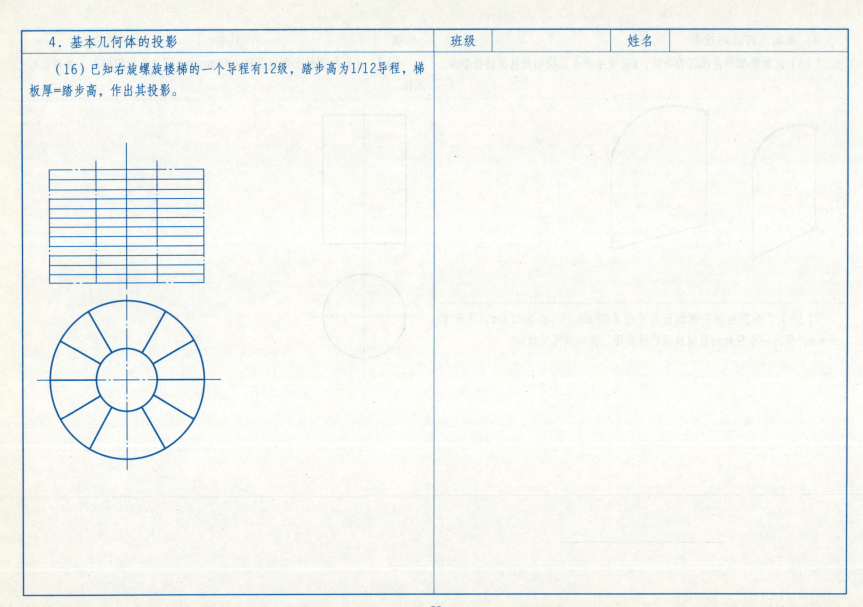

5. 投影变换　　　班级　　　　姓名

(1) 用换面法求直线AB的实长和倾角a、b。

(2) 已知直线AB的倾角b=30°，用换面法完成直线AB的投影。

(3) 用换面法求点A到直线BC的距离。

(4) 用换面法，求直线AB对V面的倾角β及实长，并在AB上取一点C的投影，使AC=20 mm。

## 5. 投影变换

（5）直线AB的实长为45 mm，用换面法作出AB的W面投影，并求出对W面的倾角。

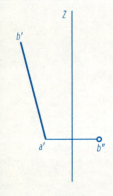

（6）平行两直线AB和CD的距离为10 mm，用换面法作CD的V面投影，有几解？

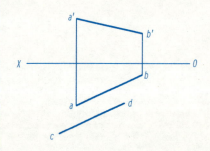

（7）用换面法求△ABC对V面的倾角$\beta$及实形。

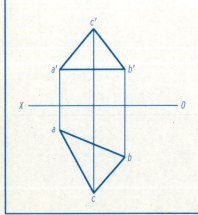

（8）用换面法求平面ABC的实形。

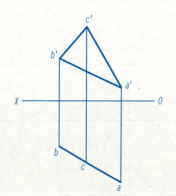

| 5. 投影变换 | 班级　　　　　姓名 |
|---|---|
| （9）以平面ABC为对称面，求与点M对称的点N的投影。<br>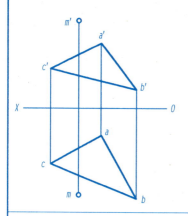 | （10）点K到△ABC的距离为10 mm，用辅助投影面法作全△ABC的H面投影。<br>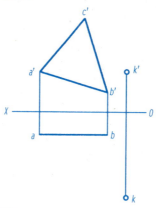 |
| （11）用换面法补全以AB为底边的等腰三角形ABC的投影。<br>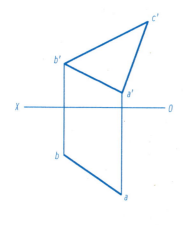 | （12）已知两交叉直线AB和CD的距离是15 mm，求d'。<br>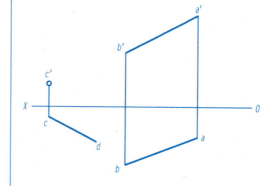 |

| 5．投影变换 | 班级 | 姓名 |

（13）用辅助投影面法，求出交叉两直线AB和CD的公垂线EF的两面投影。

（14）相交两△ABC和△ABD间的夹角为30°，△ABD为等边三角形，用辅助投影面法完成△ABD的两面投影（一解即可）。

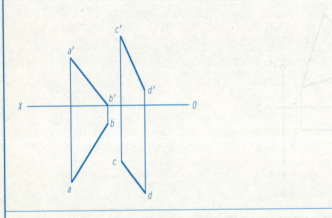

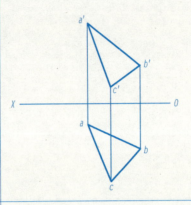

（15）用辅助投影面法作直线垂直△ABC，垂足为点K，并与直线DE、FG相交于J、L。

（16）用旋转法求AB的实长和与H面的夹角α及CD的实长和与V面的夹角β。

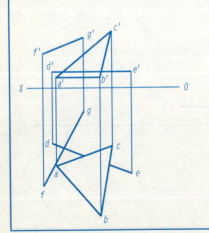

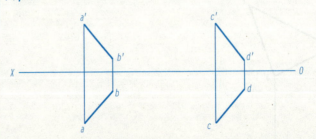

## 5. 投影变换

(17) 试将点D绕所设OO轴旋转到已知平面ABC上。

(18) 用旋转法作图，已知直线AC与直线AB对于H面的倾角相等，由点C的水平投影c，完成a′c′。

(19) 试在平面ABCD内过点M作一直线MN，使其与V面的倾角为45°。

(20) 用旋转法求ABC的实形。

## 5. 投影变换

**班级**      **姓名**

（21）用旋转法求相交两平面 ABC 和 DBC 之间的夹角。

## 6. 立体的截交线与相贯线

### 一、判断题（正确的打"√"，错误的打"×"）

（1）截交线是平面与立体表面的交线，是平面与立体表面的共有线。（　）

（2）由于截平面与圆柱轴线相对位置的不同，其截交线主要有圆、矩形和椭圆三种形状。（　）

（3）截平面与圆锥的轴线倾斜截切时，其截交线的形状是双曲线。（　）

（4）任何位置的截平面截切圆球时的截交线都是圆。（　）

（5）截交线都是封闭的平面图形。（　）

### 二、填空题

（1）相贯线一般是封闭的_____，特殊情况下为_____或_____。

（2）相贯线是两个基本体表面的共有线；相贯线一般是封闭的空间曲线，特殊情况下为_____或_____。

（3）相贯线求法：_____、_____。

（4）两不等径圆柱垂直相贯的相贯线可用简化画法画出，方法是以_____半径为半径，在_____的轴线上找圆心，以该点为圆心，仍以_____的半径为半径，在两圆柱的_____的交点之间向着_____的轴线画弧。

（5）由于工艺和强度等方面的要求，在零件某些表面的相交处，往往用小圆角过渡，这样就使原来的交线不明显，为了区别不同的表面以便识图，在投影图中仍应画出这种线，这种线称为_____线。

### 三、作图题

（1）求三棱锥被正垂面截切后的水平投影和侧面投影。

（2）求被截四棱锥的表面交线。

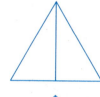
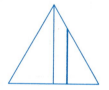

## 6.2 平面与立体相交

(3) 分析平面体的截交线，并补画其投影。

(4) 求具有正方形通孔的六棱柱被正垂面截切后的侧面投影。

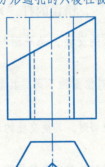 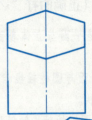

(5) 作具有正垂矩形穿孔的三棱柱的侧面投影。

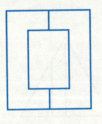

(6) 求被截切后的四棱柱的水平投影。

6.2 平面与立体相交 　　班级　　　　　姓名

(7) 完成中间带凹槽的圆柱管的侧面投影。

(8) 分析圆锥体的截交线，并补画其投影。

(9) 分析圆锥体的截交线，并补画其投影。

(10) 参照轴测图完成切割体的H面、W面投影。

- 67 -

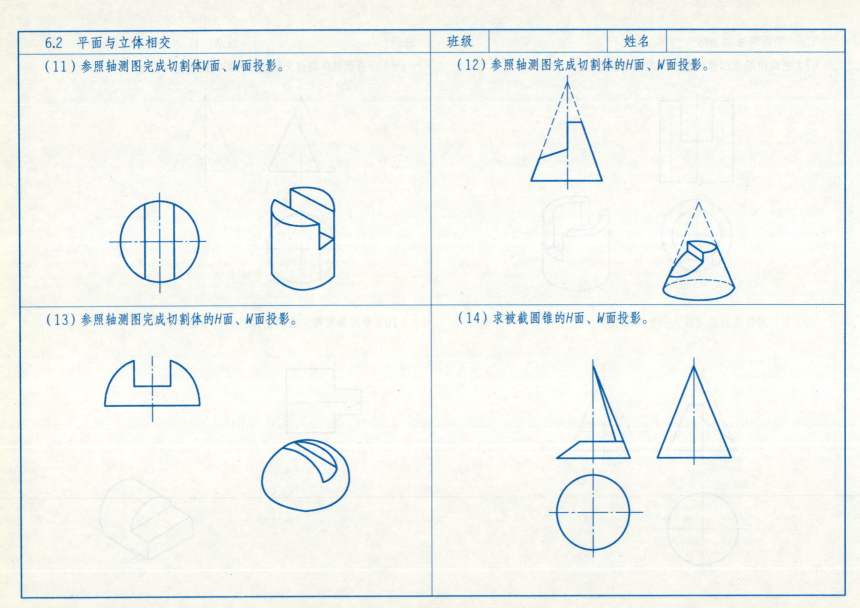

6.3　两立体表面相交

(1) 求作两三棱柱的相贯线。

(2) 完成相贯的四棱柱和五棱柱的W面投影。

(3) 完成相贯的四棱柱和四棱台的三面投影。

(4) 求作三棱柱与圆锥的相贯线。

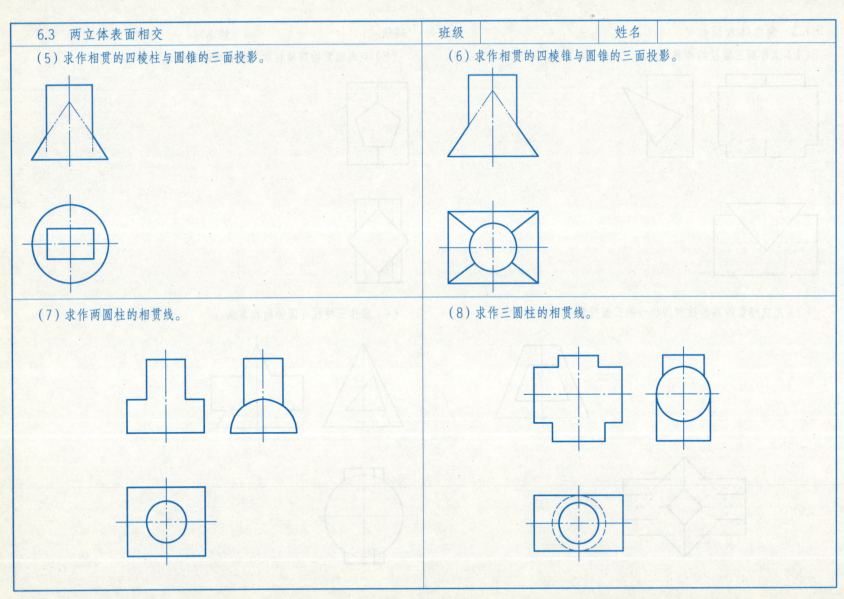

| 6.3 两立体表面相交 | 班级 | 姓名 |

(9) 求作圆柱与圆台的相贯线。

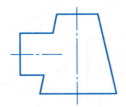

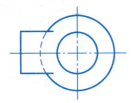

(10) 求作圆柱与圆锥的相贯线。

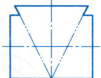

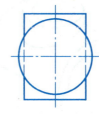

(11) 用表面取点法，画相贯线。

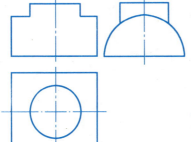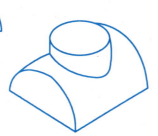

(12) 补全侧面投影，画相贯线。

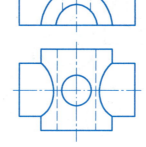

- 71 -

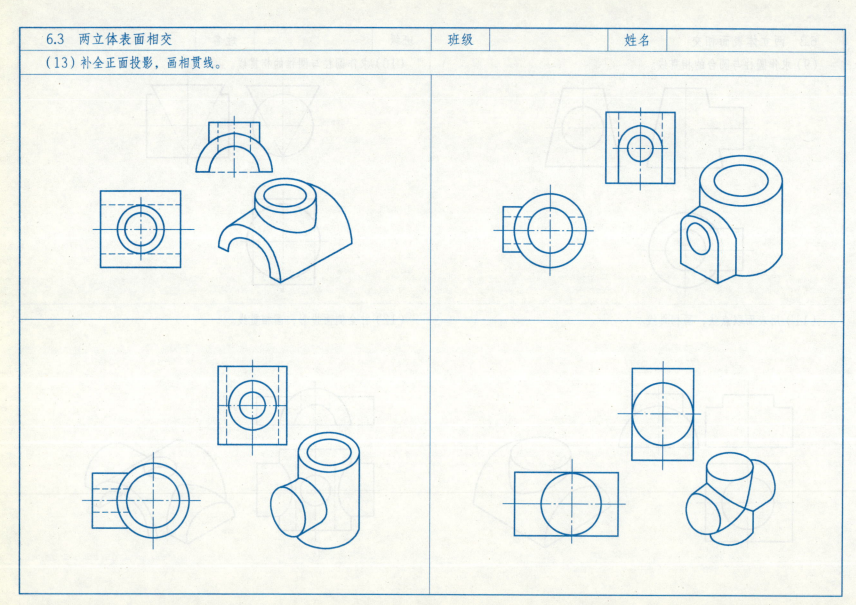

## 6.3 两立体表面相交

班级　　　　　姓名

（14）选择正确的左视图。

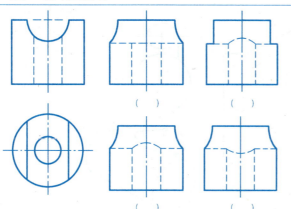

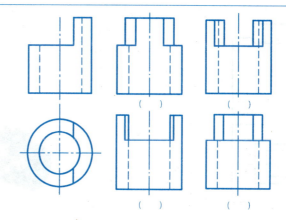

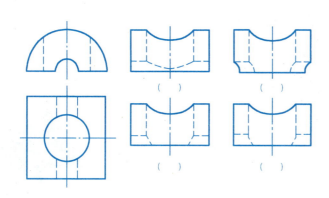

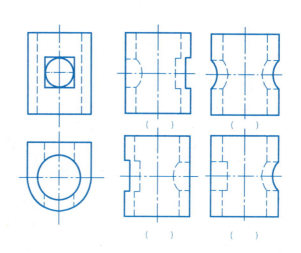

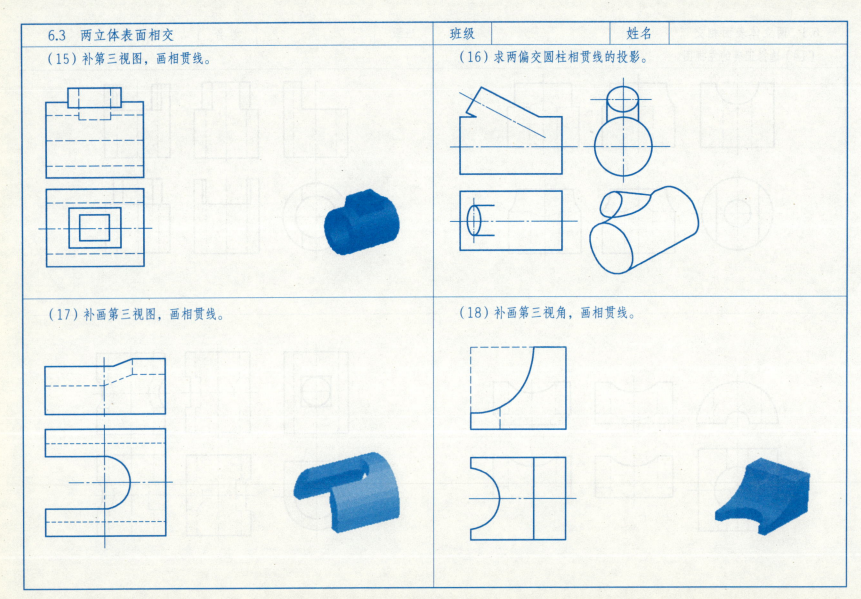

6.3 两立体表面相交　　　　　　　　　　　　　　班级　　　　　姓名

（19）作四棱柱与圆锥相贯后的W面、V面的投影。

（20）作圆柱与圆锥相贯后的H面、V面的投影。

（21）作圆柱与圆锥相贯后的H面、V面的投影。

（22）作圆柱孔与圆锥相贯后的H面、V面的投影。

| 6.3　两立体表面相交 | 班级　　　　　　姓名 |
|---|---|
| （23）作圆柱孔与圆相贯后的W面、V面的投影。 | （24）作棱柱与圆相贯后的V面、W面的投影。 |
| （25）作房屋模型的拱顶相贯线的H面投影。 | （26）求作圆柱与圆锥的相贯线的H面、W面投影。 |

## 7. 轴测投影

班级　　　　　姓名

### 一、填空题

（1）轴测投影图是用_____投影法得到的。而平行投影法有两种：_____投影和_____投影。如果用正投影，就不能让物体正着放，而应将物体倾斜放置，即三个坐标轴都_____于投影面。如果仍让物体正着放，那么就要用_____投影。这两种方法都能保证一个投影图反映出物体三个方向表面的形状。

（2）物体上的三个坐标轴在轴测投影面上的投影称为_____；轴测轴之间的夹角称为_____。

（3）由于物体上三个坐标轴对轴测投影面倾角的不同，所以在轴测图上各条轴线长度的缩短程度也不相同，坐标轴在轴测图上的缩短率称为_____。

（4）物体上互相平行的直线在轴测投影图上仍然_____；物体上平行于轴测投影面的平面，在轴测图中反映_____；物体上两平行线段长度之比在投影图上保持_____。

（5）轴测投影的分类：正轴测投影是投影方向_____轴测投影面；斜轴测投影是投影方向_____轴测投影面。

（6）根据轴向变形系数的不同，正轴测投影和斜轴测投影又可细分，在正轴测投影中，当三个轴向变形系数相等时，称为_____；当三个轴向变形系数中有两个相等时，称为_____投影；同样，在斜轴测投影中，当三个轴向变形系数相等时，称为_____投影；当三个轴向变形系数中有两个相等时，称为_____投影；工程上最常采用的是_____和_____投影。因为这两种轴测图立体感好且便于绘制。我们也只要求掌握这两种轴测图的画法。

（7）在正轴测投影中，由于空间的三个坐标轴都_____于轴测投影面，所以三个轴向直线的投影都缩短，即 $p$、$q$、$r$ 都_____1。正等测投影是使三个坐标轴与轴测投影面的倾角_____，这时的轴向变形系数 $p=q=r=$_____，轴间角 $\angle XOY=\angle XOZ=\angle YOZ=$_____。为便于作图，通常使 $p=q=r=$_____，$Z$ 轴画成垂直位置，$X$ 轴和 $Y$ 轴均与水平线成_____角。

（8）轴测投影是将物体连同其直角坐标系，沿_____的方向，用_____法将其投射在_____上所得的图形。

（9）轴间角是指任两根_____之间的夹角；_____上的单位长度与相应的_____上的单位长度的比值称为轴向伸缩系数，正等测轴测图中 $OX$、$OY$、$OZ$ 轴上的轴向伸缩系数分别用_____、_____、_____表示。

（10）空间互相平行的线段，在同一轴测投影中一定互相_____。与直角坐标轴平行的线段，其轴测投影必与相应的_____平行。

（11）与轴测轴平行的线段，按该轴的_____进行度量。绘制轴测图时必须沿_____测量尺寸。

（12）正等测投影中，轴向伸缩系数为_____，简化伸缩系数为_____；在斜二测投影中其 $X$ 轴和 $Z$ 轴的伸缩系数为_____，$Y$ 轴方向的伸缩系数为_____。

（13）正等测轴测图中 $\angle XOY=\angle YOZ=\angle XOZ=$_____；在斜二测图中 $\angle XOY=\angle ZOZ=$_____，$\angle XOZ=$_____。

### 二、选择题

（1）轴测图中，可见轮廓线与不可见轮廓线的画法应是（　　）。

　　A. 可见部分和不可见部分都必须画出

7 轴测投影　　　　　　　　　　　　班级　　　　　　姓名

　　B．画出可见部分

　　C．一般画出可见部分，必要时才画出不可见部分

（2）空间互相平行的线段，在同一轴测投影中（　　）。

　　A．互相平行

　　B．互相垂直

　　C．根据具体情况有时互相平行，有时两者不平行

（3）正轴测投影中投影线与投影面之间的关系是（　　）。

　　A．垂直　　　B．倾斜　　　C．不确定

（4）能反映物体正面实形的投影法是（　　）。

　　A．正等测投影　B．正三测投影　C．斜二测投影

（5）工程上有时采用轴测图表示设计意图是因为（　　）。

　　A．轴测图比较准确，能反映物体的真实形状

　　B．轴测图比较美观，能吸引观众

　　C．轴测图立体感强，有直观性

（6）采用简化伸缩系数的目的是（　　）。

　　A．实际伸缩系数不正确

　　B．实际伸缩系数不合理

　　C．采用简化伸缩系数可以简化计算，方便作图

（7）下列关于正轴测投影说法正确的是（　　）。

　　A．正轴测投影的轴向伸缩系数相等

　　B．正轴测投影的轴向伸缩系数不相等

　　C．正轴测投影中的正等测的轴向伸缩系数相等

（8）常用的轴测图是（　　）。

　　A．正二测　　　B．斜二测　　　C．正等测和斜二测

（9）采用斜二等轴测图时，Y轴方向的尺寸应（　　）。

　　A．按实际尺寸进行度量

　　B．是实际尺寸一半

　　C．将实际尺寸乘以伸缩系数1，即得Y轴方向的尺寸

（10）关于轴测图，下列说法正确的是（　　）。

　　A．轴测图能真实反映物体的形状和尺寸

　　B．未来轴测图将代替三视图指导生产

　　C．轴测图不能代替三视图

## 三、判断题（正确的打"√"，错误的打"×"）

（1）斜二等轴测图能反映物体的真实大小。　　　　　　　　（　）

（2）绘制轴测图时可以不沿轴测轴方向测量尺寸。　　　　　（　）

（3）轴测图中的尺寸比实际尺寸来得小。　　　　　　　　　（　）

（4）绘制正等测轴测图时，沿轴向尺寸可以在投影图相应的轴上按1∶1的比例进行量取。　　　　　　　　　　　　　　　　　　（　）

（5）斜二等轴测图中的尺寸应取实际尺寸的一半。　　　　　（　）

（6）在选用轴测图时，既要考虑立体感强，又要考虑作图方便。（　）

（7）当物体上一个方向的圆或孔较多时，采用正等轴测图。　（　）

（8）原来不平行的线段在轴测图可能变得平行。　　　　　　（　）

（9）斜二等轴测图y轴方向的简化伸缩系数为0.5。　　　　　（　）

（10）我们平时看到的照片和轴测图形成的原理是一致的。　（　）

## 四、作图题

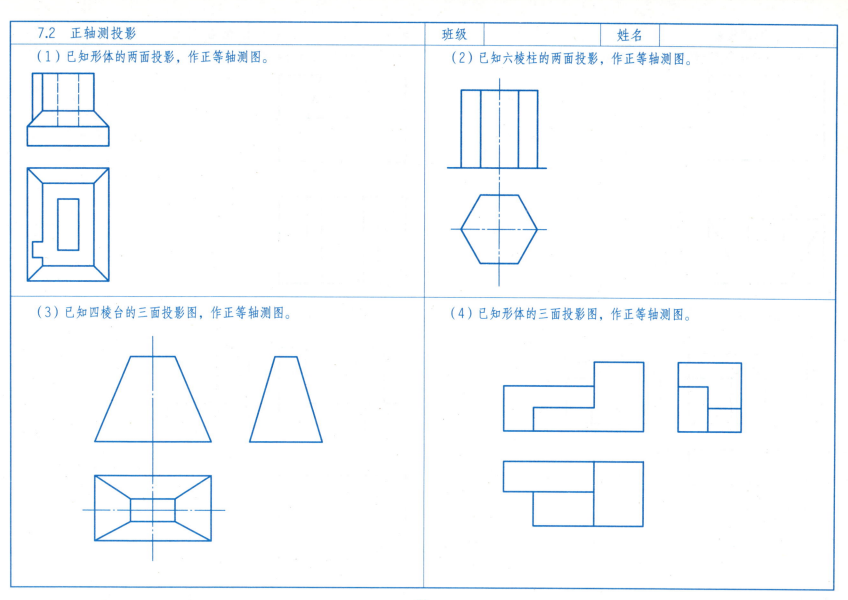

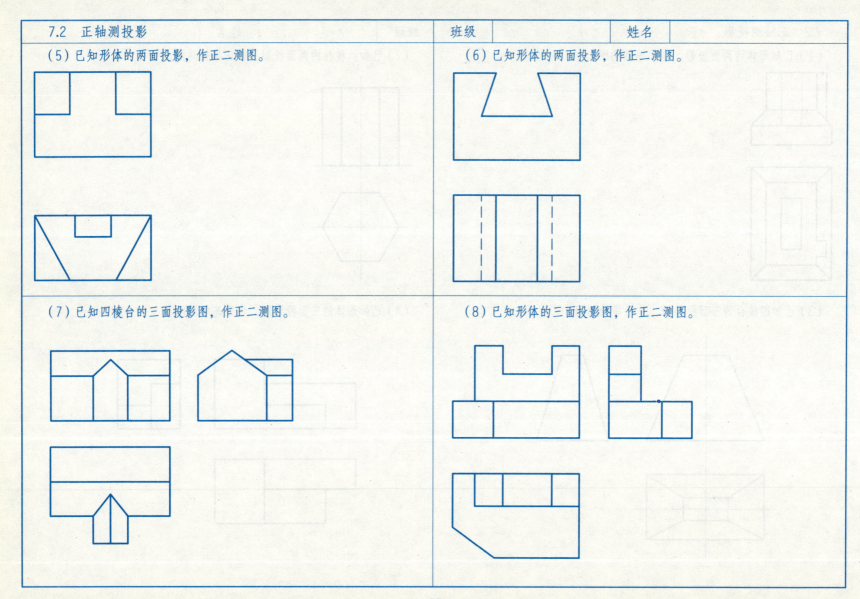

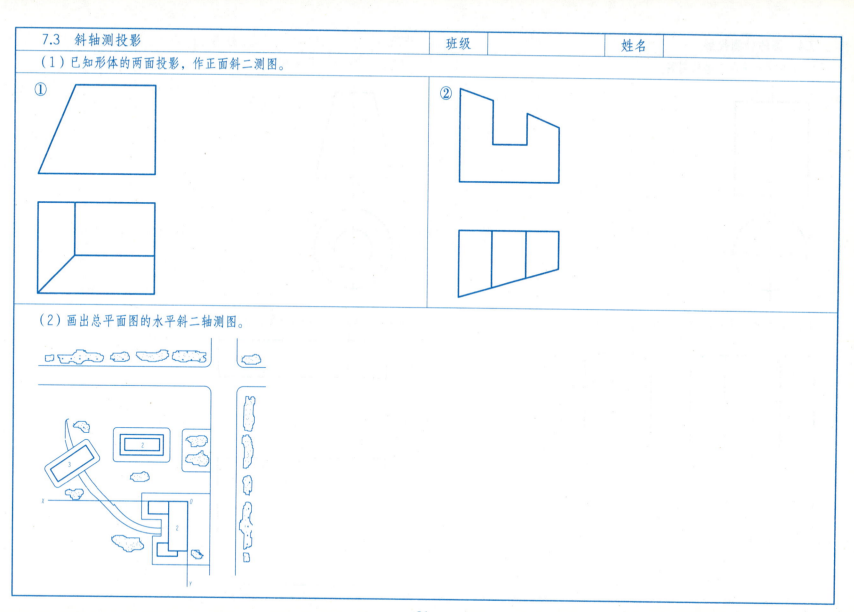

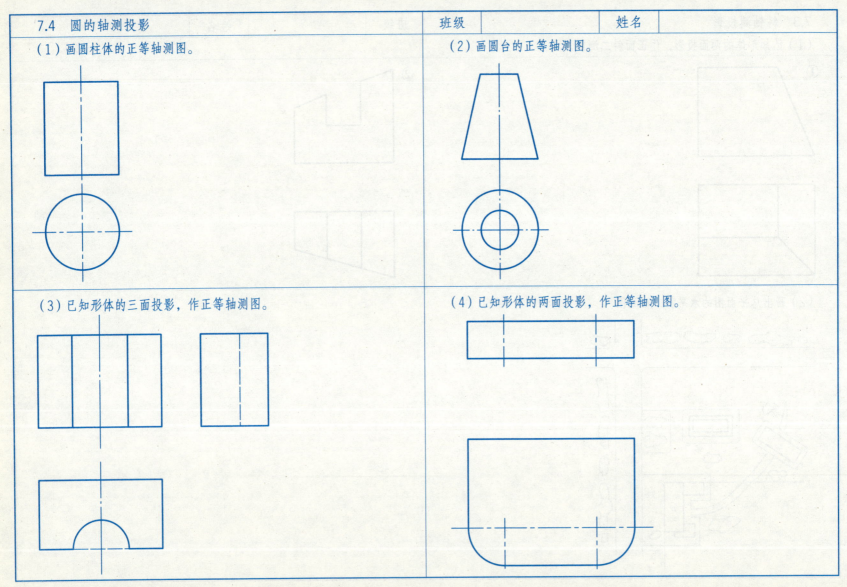

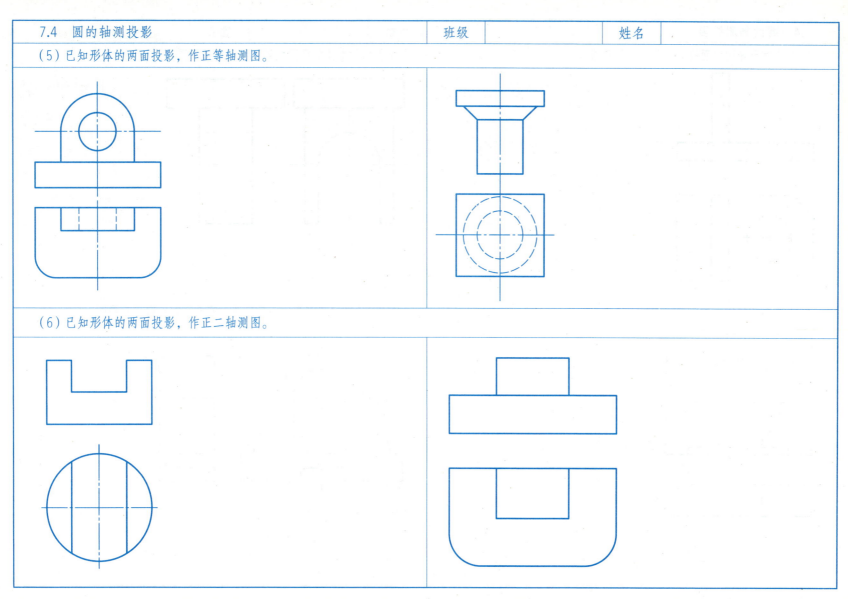

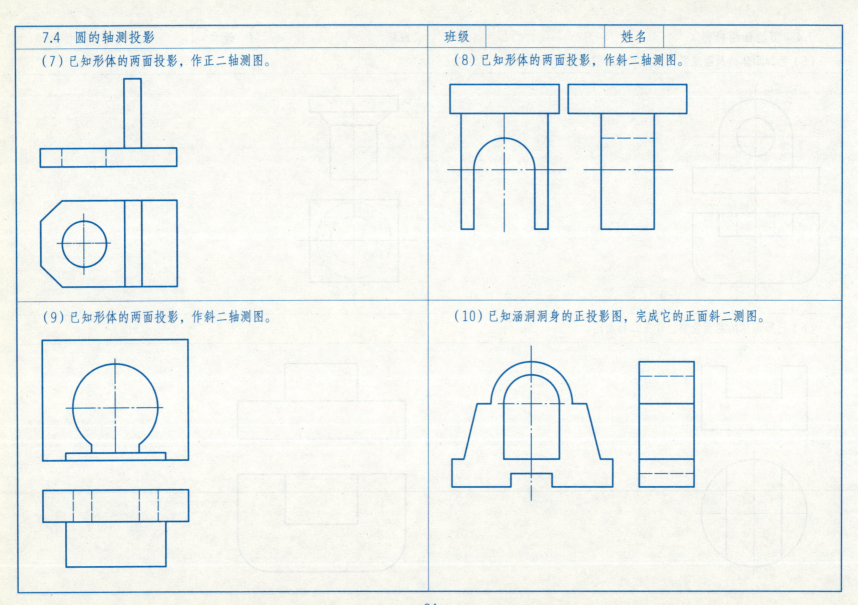

## 8. 组合体的投影

班级　　　　　姓名

### 一、填空题

（1）组合体的组成方式_____、_____、_____。
（2）V面投影图，称为_____，W面投影图，称为_____。
（3）正立面图、水平面图_____；正立面图、侧立面图_____；水平面图、侧立面图_____。
（4）正立面图反映上下、_____位置关系；水平面图反映_____、_____位置关系；侧立面图反映_____、_____位置关系。
（5）组合体视图的画图步骤是_____、_____、_____、布置视图、画图、检查、描深、标注尺寸、完成全图。
（6）组合体尺寸标注的基本要求：_____、_____。
（7）尺寸种类_____、_____、_____。
（8）组合体尺寸标注时先标注_____，再标注_____，最后标注_____。
（9）尺寸基准是_____。
（10）看组合体的基本方法有_____和_____。
（11）形体表面间的相对位置有_____、_____、_____、_____。
（12）_____是由若干个简单的基本体叠合而成。
（13）_____是将一个完整的基本体_____或_____形成。
（14）_____是确定组合体中各基本体大小的尺寸。
（15）_____是确定组合体中各基本体之间相对位置的尺寸。

### 二、选择题

（1）由若干基本形体叠加而成的组合体，称为（　　）。
　　A. 综合式组合体　　B. 截割式组合体　　C. 叠加式组合体
（2）由一个基本形体被一些不同位置的截面切割后而形成的组合体，称为（　　）。
　　A. 叠加式组合体　　B. 截割式组合体　　C. 综合式组合体
（3）组合体的尺寸标注不包括（　　）。
　　A. 定形尺寸　　B. 定位尺寸　　C. 定量尺寸
（4）三视图中，把产生于H面的投影称作（　　）。
　　A. 主视图　　B. 俯视图　　C. 左视图
（5）三视图不包括（　　）。
　　A. 主视图　　B. 俯视图　　C. 右视图
（6）俯视图是（　　）所得视图。
　　A. 从左向右投影　　B. 从右向左投影　　C. 从上向下投影
（7）三视图的投影规律正确的是（　　）。
　　A. 正立面图、水平面图长对正
　　B. 正立面图、侧立面图宽相等
　　C. 水平面图、侧立面图高平齐
（8）尺寸标注中的符号表示（　　）。
　　A. 半径　　B. 直径　　C. 弧度
（9）尺寸线和尺寸界线都是用（　　）画出。
　　A. 细实线　　B. 粗实线　　C. 点画线
（10）组合体读图的基本方法中形体分析法主要适用于以（　　）为主的组合体。
　　A. 叠加　　B. 切割　　C. 相贯

- 85 -

8. 组合体的投影

### 三、判断题（正确的打"√"，错误的打"×"）

（1）线面分析法主要适用于以相贯为主的组合体。（  ）

（2）视图中的线框可以表示形体上平面的投影、曲面的投影、复合表面的投影。（  ）

（3）在组合体的识图过程中，有关视图必须联系起来看。（  ）

（4）定位尺寸是确定组合体中各基本体大小的尺寸。（  ）

（5）图样中的尺寸不必标注计量单位符号。（  ）

（6）尺寸三要素包括尺寸线、尺寸界线和尺寸数字。（  ）

（7）标注的尺寸不是定位尺寸就是定形尺寸。（  ）

（8）当两形体邻接表面相切时，由于相切是光滑过渡，所以切线的位置不画。（  ）

（9）左视图是从右向左投影所得的视图。（  ）

（10）组合体读图的基本方法分为形体分析法和线面分析法。（  ）

### 四、作图题

（1）根据立体图，画形体的正投影图（尺寸由立体图中量取）。

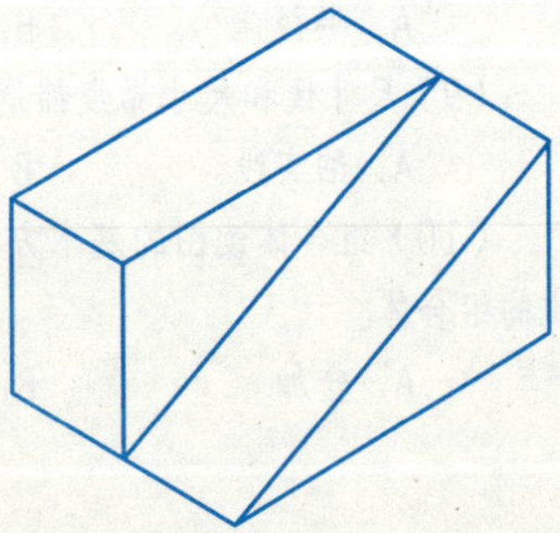

（2）

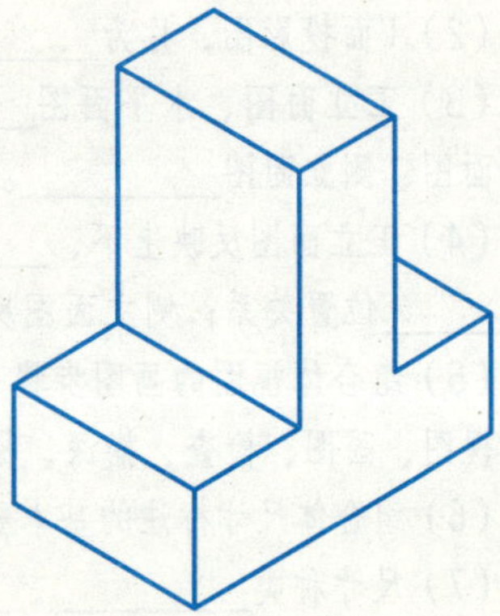

（3）

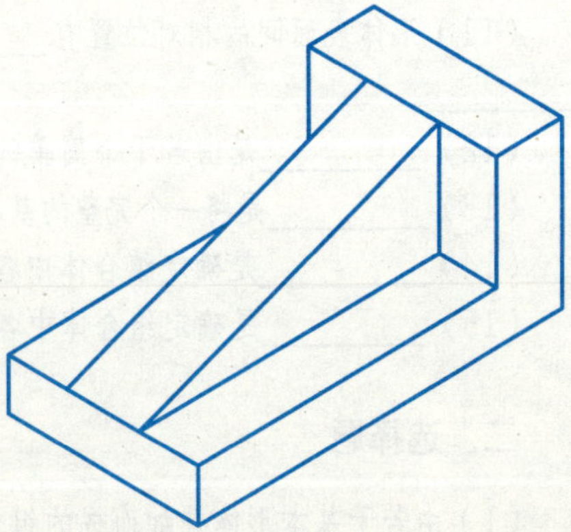

8.2 组合体三视图绘制　　班级　　　姓名

(4)

(5)

(6)

(7)

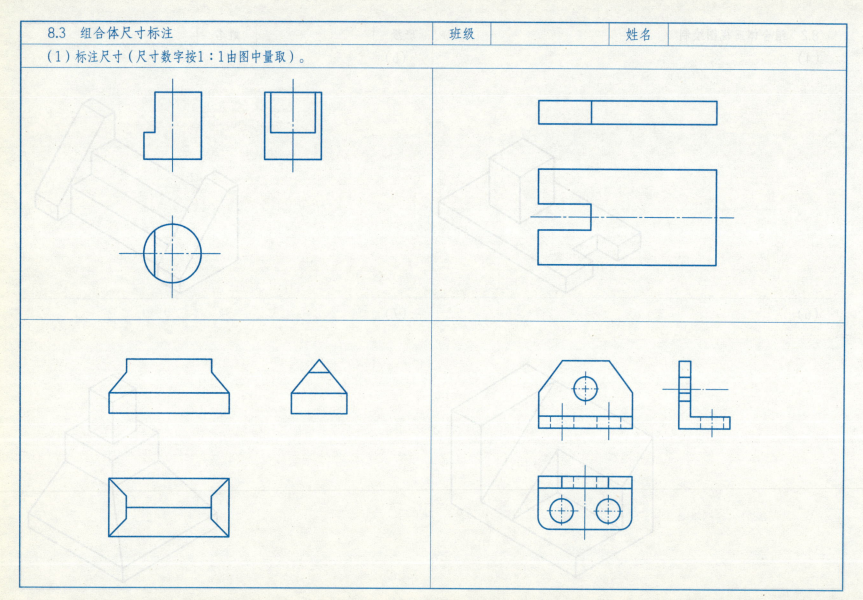

| 8.3　组合体尺寸标注 | 班级 | | 姓名 | |
|---|---|---|---|---|
| （2）根据轴测图及所给尺寸，画出组合体的三面投影图并标注尺寸（比例自定）。 | | | | |

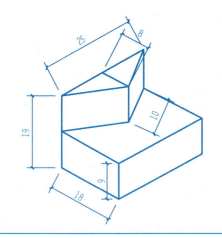

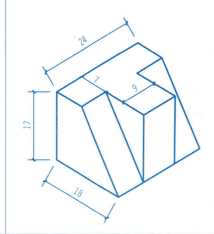

| 8.3 组合体尺寸标注 | 班级 | 姓名 |

（3）根据轴测图及所给尺寸，画出组合体的三面投影图并标注尺寸（比例自定）。

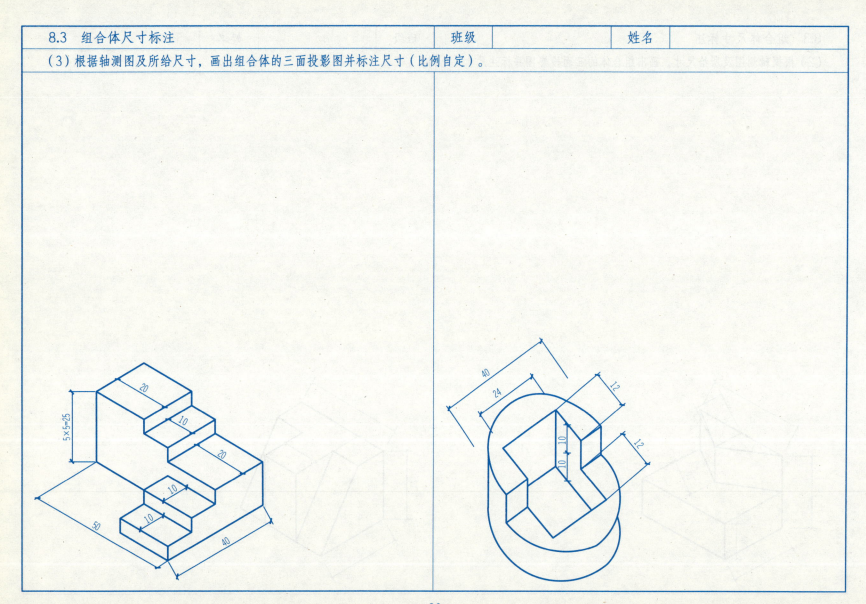

| 8.3 组合体尺寸标注 | 班级 | | 姓名 | |
|---|---|---|---|---|

（4）根据轴测图及所给尺寸，画出组合体的三面投影图并标注尺寸（比例自定）。

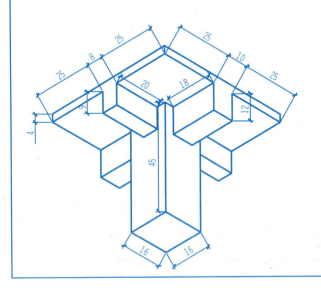

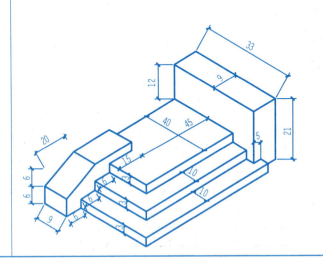

8.4 组合体读图　　　　班级　　　　姓名

（1）补画组合体的第三面投影。

8.4 组合体读图

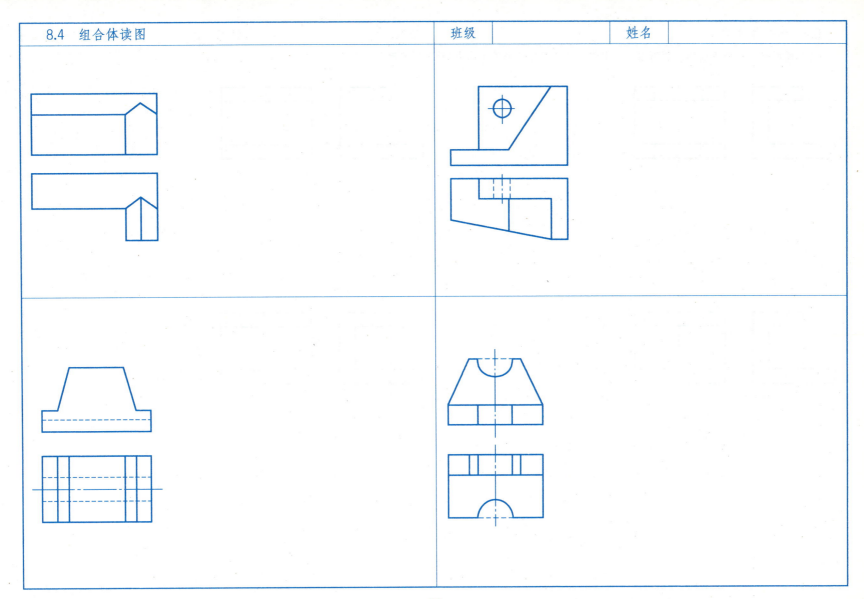

### 8.4 组合体读图

班级　　　　　姓名

（2）根据组合体的正面图、侧面图，画出组合体的平面投影图（作出4种不同答案）。

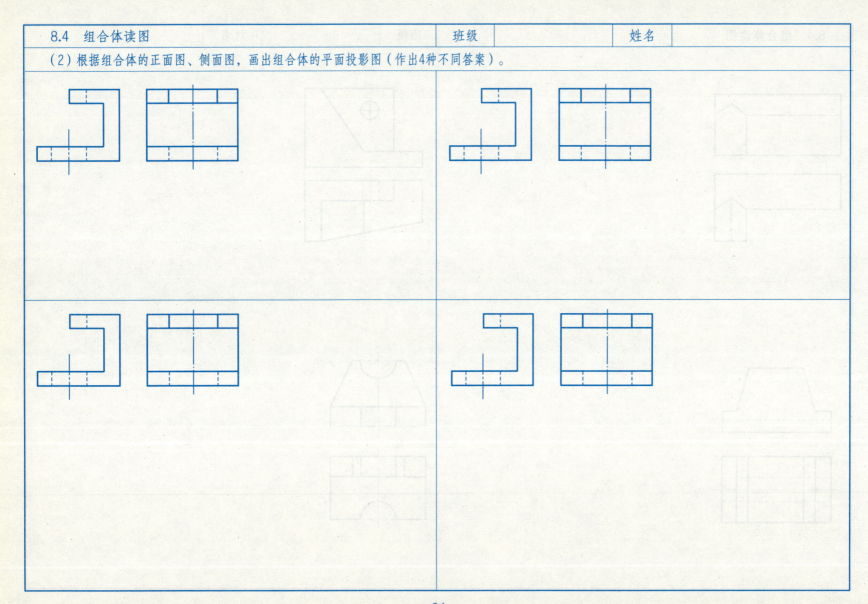

8.4 组合体读图　　　班级　　　姓名

(3) 补绘三种不同情况下形体的第三面投影。

## 9. 剖面图和断面图

### 一、填空题

（1）假想用一个正平面通过形体孔洞的轴线将整个形体剖开，然后将观察者和剖切平面之间的部分移去，其余部分向投影面作投影，所得到的图形称为_____。

（2）剖面图符号包括_____和_____两部分，其中_____长6~10 mm（粗实线），_____长4~6 mm（粗实线）。

（3）由于形体的形状不同，对形体作剖面图时所剖切的位置和作图方法也不同，通常所采用的剖面图有_____、_____、_____、_____、_____五种。

（4）为区分形体的_____和_____，使剖面图层次分明，形体被剖切到的部分（截面）应按照形体的材料类别画出相应的材料图例。

（5）形体被剖切后形成的断面轮廓线，用_____画出，未被剖切到的形体轮廓线，常画成_____，并在断面轮廓线范围内用_____填充。

（6）假想用剖切平面将物体剖切后，仅画出断面的投影图称为_____。

（7）断面图可分为_____、_____和重合断面图。

（8）把物体放置在第一分角内，进行正投影，称为_____，我国规定采用这种投影方法。

### 二、选择题

（1）当形体具有对称平面时，在垂直于对称平面的投影面上的投影，以对称线为分界，一半画剖面，另一半画视图，这种组合的图形称为（　　）。

　　A. 全剖面图　　　　B. 半剖面图　　C. 阶梯剖面图

（2）用两个相交且交线垂直于基本投影面的剖切面对物体进行剖切，物体被剖开后，以交线为轴，将其中倾斜部分旋转到与投影面平行的位置再进行投射，所得到的剖面图称为（　　）。

　　A. 全剖面图　　　　B. 旋转剖面图　C. 阶梯剖面图

（3）当形体只有局部的内部构造需要清晰表达时，用剖切面局部地剖开形体，所得到的剖面图，称为（　　）。

　　A. 分层局部剖面图　　B. 局部剖面图　C. 阶梯剖面图

（4）用两个或两个以上相互平行的剖切平面剖切物体得到的剖面图，称为（　　）。

　　A. 分层局部剖面图　　B. 局部剖面图　C. 阶梯剖面图

（5）将断面图直接画于投影图中，二者重合在一起的称为（　　）。

　　A. 移出断面图　　　　B. 中断断面图　C. 重合断面图

（6）下列剖面图正确的是（　　）。

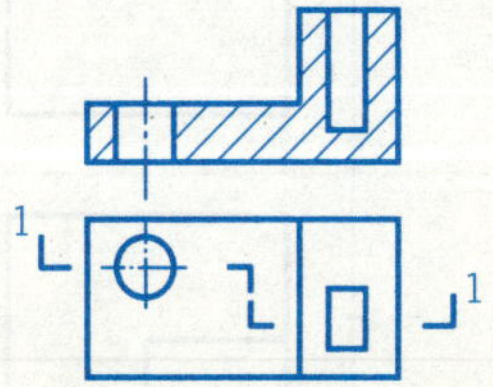

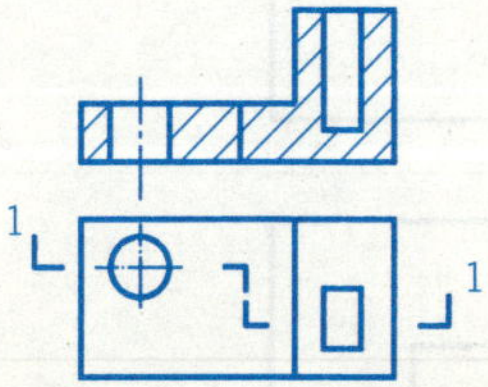

9. 剖面图和断面图

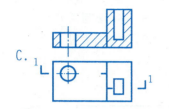 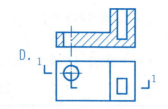

(7) 根据梁的1-1移出断面图，判断图一、图二、图三和图四中，绘制正确的断面图是（    ）。

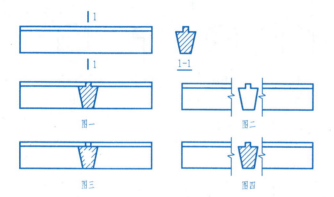

A. 图一    B. 图二    C. 图三    D. 图四

(8) 关于断面图例画法，描述不正确的是（    ）。

    A. 图例线应间隔均匀，疏密适度，做到图例正确，表示清楚
    B. 两个相同的图例相接时，图侧线宜错开或使倾斜方向相反
    C. 不同品种的同类材料使用同一图例时附加必要的说明
    D. 两个相邻的涂黑图例间应留有空隙，其净宽度不得小于1 mm

(9) 断面图被切到的实体部分应画剖面线，剖面线为相互平行、等间距的（    ）。

A. 30° 细实线    B. 45° 细实线
C. 45° 粗实线    D. 60° 粗实线

(10) 已知形体的V面、H面投影，正确的1-1剖面图是（    ）。

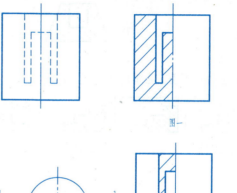
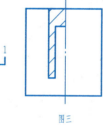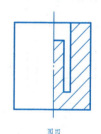

A. 图一    B. 图二    C. 图三    D. 图四

(11) 已知一形体的水平投影及1-1剖面图，正确的2-2断面图是（    ）。

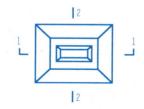

1 1剖面图

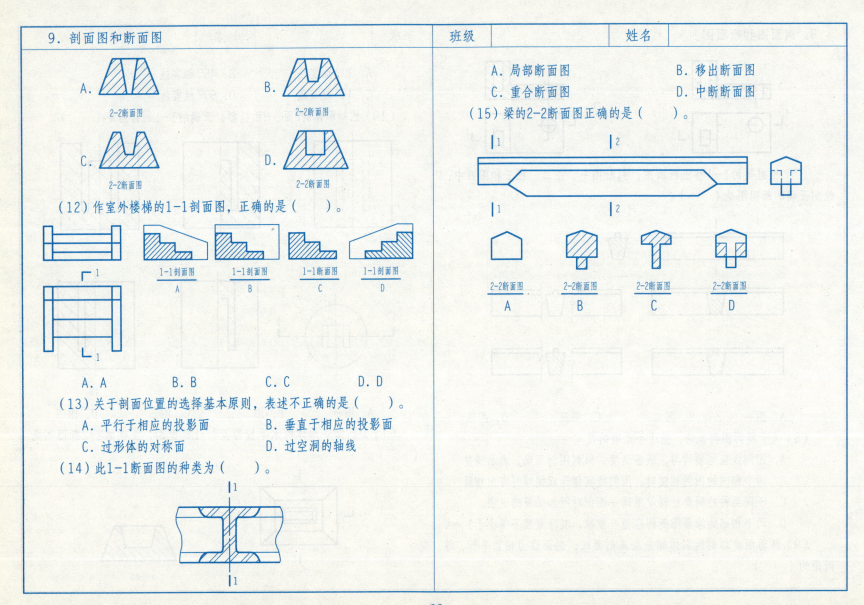

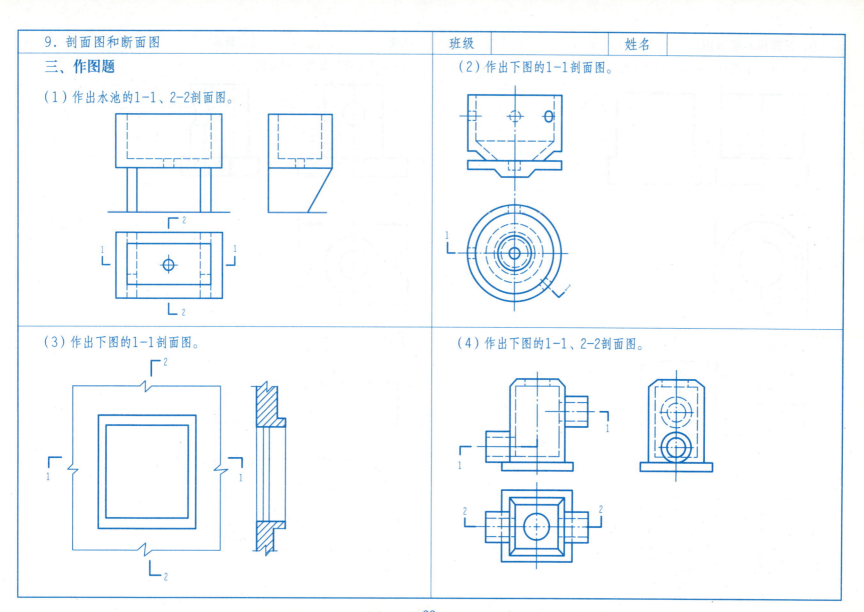

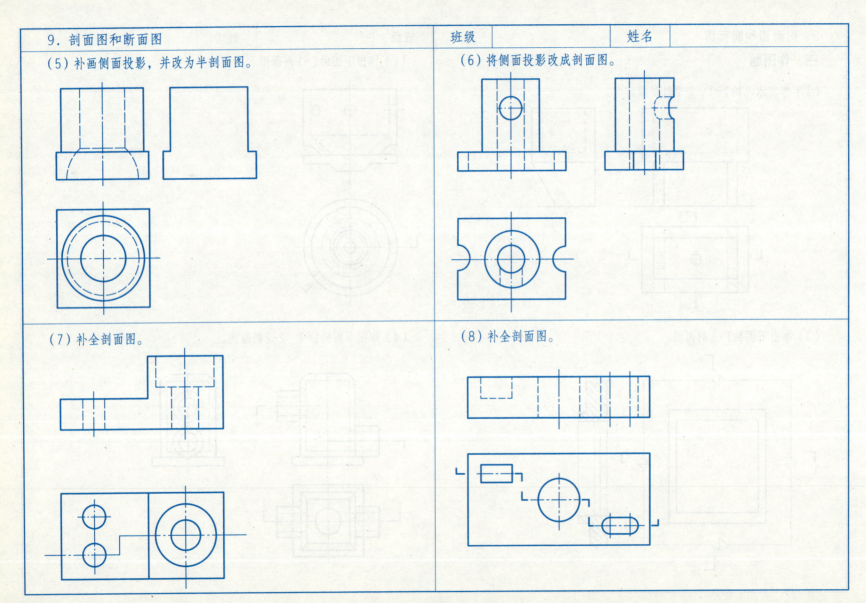

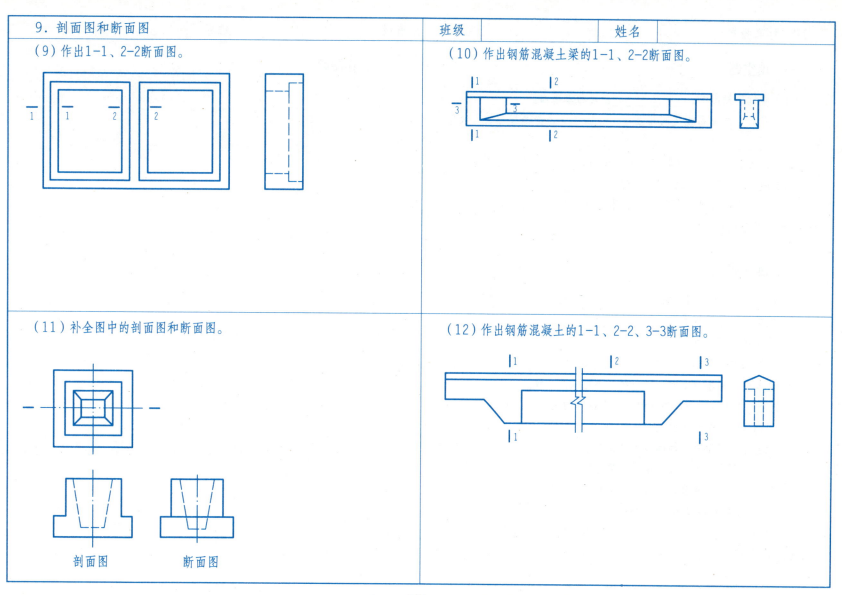

10. 标高投影　　　　　　　　　　　　　　班级　　　　　　姓名

## 一、填空题

（1）在标高投影中，_____被定为基准面。

（2）平面上的等高线之间相互_____，等高线与最大坡度线相互_____。

（3）正圆锥面在标高投影中，等高线都是_____。

（4）地形图中等高线越密集，坡度越_____。

（5）工程上将坡度比例线的投影附以整数标高，并画成一粗一细的双线，称为平面的_____。

## 二、选择题

（1）如果空间两平面平行，则下列叙述中错误的是（　　）。

A．坡度比例尺互相平行

B．等高线互相平行

C．平距相等

D．标高数字的增减方向可以一致，也可以不一致。

（2）下列关于地形图等高线的叙述中错误的是（　　）。

A．等高线一般是封闭曲线

B．除悬崖、峭壁外，等高线不可交

C．同一地形内，等高线越密，地势越陡

D．同一地形内，等高线越密，地势越平坦

（3）工程上的标高投影采用的投影法是（　　）。

A．斜投影　　　　　　　　　B．多面正投影

C．平行投影　　　　　　　　D．单面正投影

## 三、作图题

### 10.2 点和直线的标高投影

(1) 如图所示,点A位于基准面以上5 m,点B位于基准面以下3 m处,点C位于基准面上,试在右图中标出点A、点B、点C的标高投影。

(2) 已知直线AC的标高投影$a_5 b_{13}$和直线上点D的水平投影d,求AC的坡度i,平距l和点D的标高。

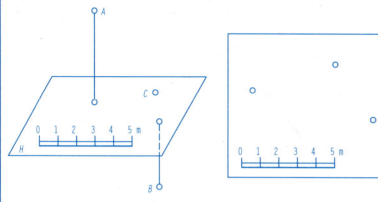

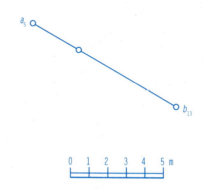

(3) 求直线CD的实长L、倾角α、坡度i、平距l及各整数标高点。

(4) 如图所示,已知直线CD的一个端点C,以及CD的坡度和方向,另一端点D的高程为3.7 m,求作点D和CD的标高投影,并作出CD的真长。

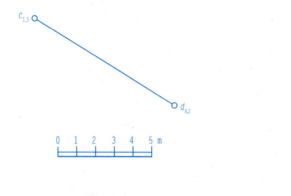

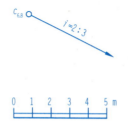

### 10.3 平面的标高投影

（1）已知两条等高线21、9所表示的平面，求作高程为18、15、12的等高线。

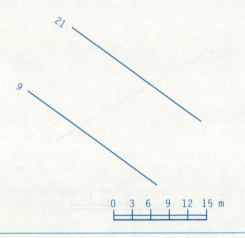

（2）已知平面上一条高程为18的等高线，又知平面的坡度$i=2:3$，求作平面上高程为17、15、14的等高线。

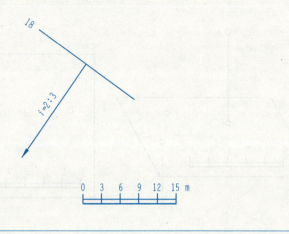

（3）求作图示平面上高程为1 m的等高线。

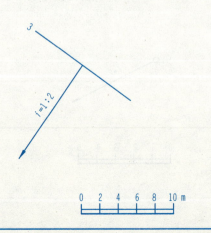

10.3 平面的标高投影

（4）如图所示，求作△ABC平面上整数点标高的等高线、该平面的坡度比例尺（设△ABC平面为P）以及该平面对水平面的倾角α。

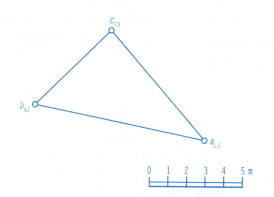

（5）求两相邻平面的交线。

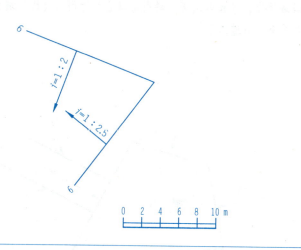

（6）如图所示，求两相邻平面的交线。

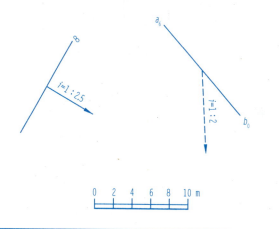

（7）如图所示，求作有高程为8 m的等高线、平面的坡度为1:2.5及其下降方向所确定的平面和以坡度比例尺$P_i$表示的平面P的交线。

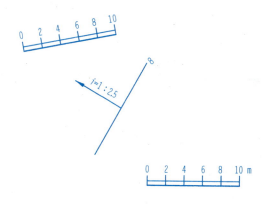

## 10.3 平面的标高投影

（8）已知平台的标高为 -6 m，地面标高为 0 m，以及平台的大小和棱面的斜坡坡度，求作各坡面、斜引道路面和地面的交线，坡面和坡面的交线，并补全斜引道路面。

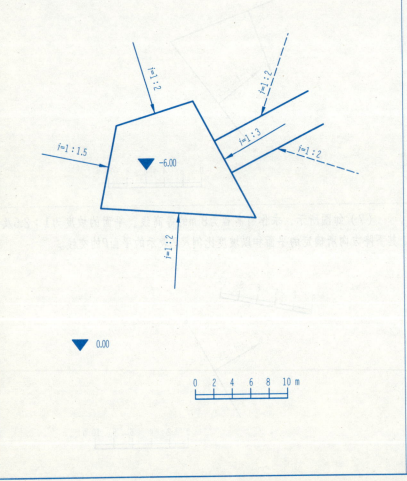

（9）如图所示，已知地面标高投影为 0，有一条顶面标高为 6 m 的大堤，大堤的左侧有一条斜引道，斜引道顶面的水平投影未画完整；大堤的右侧有一条小堤，小堤地面的标高投影为 4，小堤顶面的水平投影未画完整，求大堤、小堤、斜引道各坡面与地面的交线，坡面与坡面的交线，斜引道顶面与地面的交线，以及小堤顶面与大堤右坡面的交线，补全斜引道和小堤顶面的水平投影。

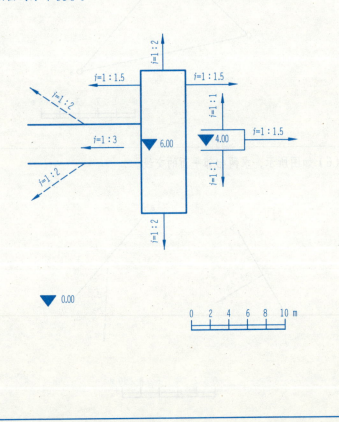

10.4 曲面的标高投影

（1）在土坝与河岸连接处，用锥面加大坝头，如图所示，河底标高为 402.000 m，求坡脚线及各坡面间的交线。

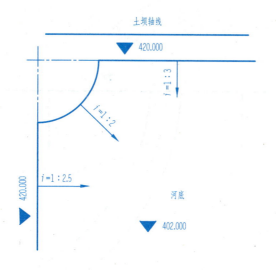

（2）在高程为4.000 m的地面上修建如图所示的平台，各坡度分别为 1:2 与 1:1，求其坡脚线及坡面交线。

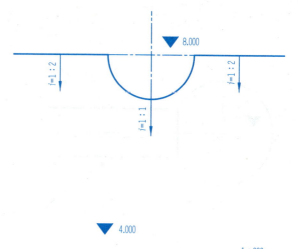

### 10.4 曲面的标高投影

（3）已知圆形平台顶面、地面和斜引道顶面的标高投影，平台坡面的坡度为1∶1.5，斜引道两侧坡度为1∶2，求作坡面与地面、坡面与坡面的交线，并补全斜引道路面。

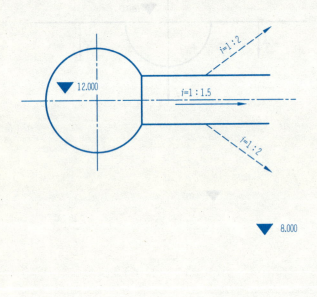

（4）如图为一弯曲引道由地面逐渐升高与干道相连，干道顶面标高为8.000，地面高程为0，弯曲引道两侧的曲面就是同坡曲面，试作出坡脚线和坡面交线。

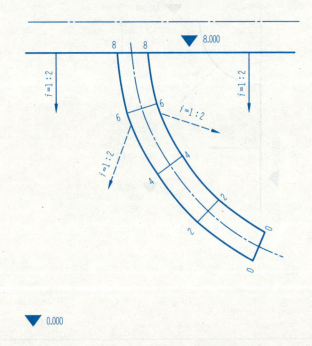

## 10.4 曲面的标高投影

（5）过空间曲线ABCD作坡度为1∶3的同坡曲面，画出等高线。

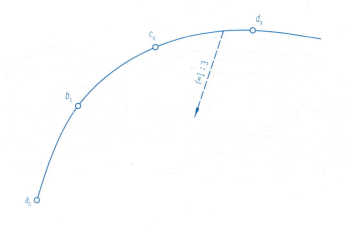

（6）如图所示为一沟道AB的平面图，现以铅垂面Ⅰ—Ⅰ剖切地形面，作出沟道与地面的贯穿点的标高投影，并将沟道的可见投影用粗线画出，不可见投影用中虚线画出。

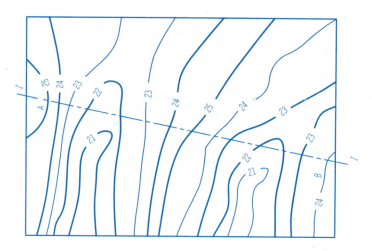

| 10.5 标高投影在土木工程中的应用 | 班级　　　　　　姓名 |

(1) 如图所示，求作以标高为26的等高线、坡度为3/5和下降方向的坡度线表示的劈坡平面与地面的交线。

(2) 作图区分出管道AB暴露在地面以上和埋入地下的部分。

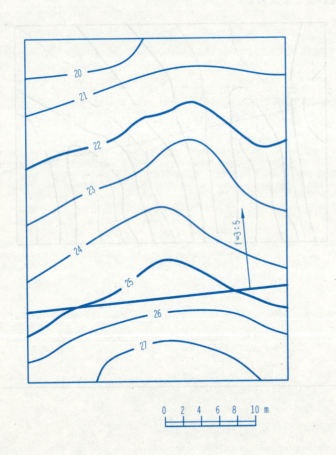

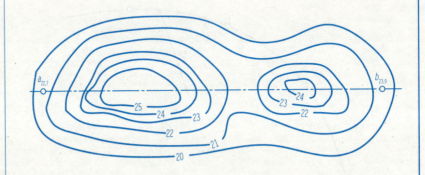

| 10.5　标高投影在土木工程中的应用 | 班级　　　　　姓名 |

（3）已知圆形平台高程为12 m，建在一斜坡平面上，斜坡平面用平面上的一组等高线表示。平台填筑坡面的坡度$i=1:0.8$，开挖坡面坡度$i=1:0.6$，作填筑坡面、开挖坡面与已知斜坡平面的交线。

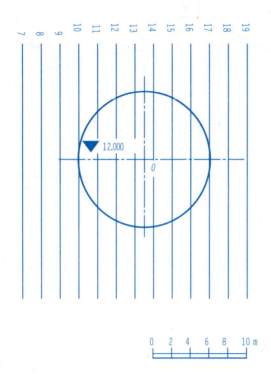

（4）在坡度为1:4的斜坡面上，修建一高程为4.00 m的工作平台，此平台四周的填挖方坡度均为1:2，试求平台四周坡面与地面的交线以及各边坡面之间的交线（比例1:500）。

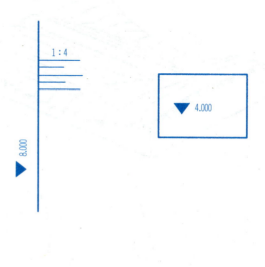

- 111 -

| 10.5　标高投影在土木工程中的应用 | 班级 | 姓名 |

(5) 已知土坝标准断面图、地形等高线图及坝轴线位置，试完成土坝平面图。

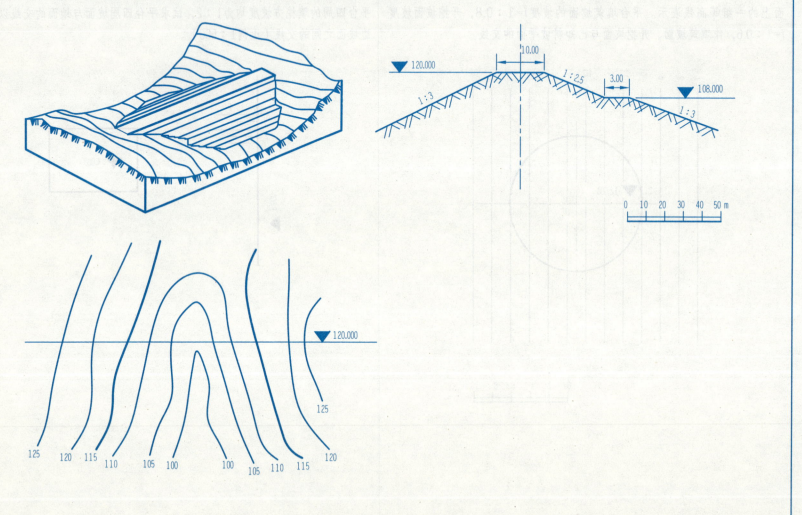

| 10.5 标高投影在土木工程中的应用 | 班级 | 姓名 |

(6) 在下图所示的地面上，修建一高程为50 m水平场地，填方的坡比为1∶1.5，挖方坡比为1∶1，试求各坡面与地面交线及各坡面间的交线。

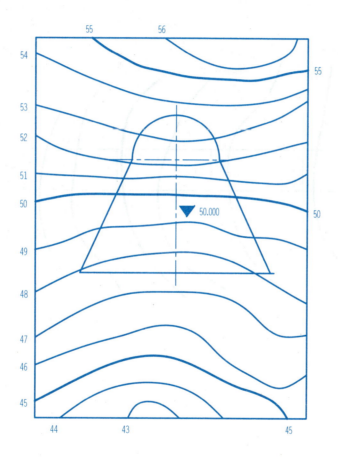

1∶500

| 10.5　标高投影在土木工程中的应用 | 班级 | 姓名 |

(7) 在下图所示的地面上修建一条直坡道，已知路面及路面上等高线的位置，填方、挖方边坡均取为1：3，求各坡面与地面的交线。

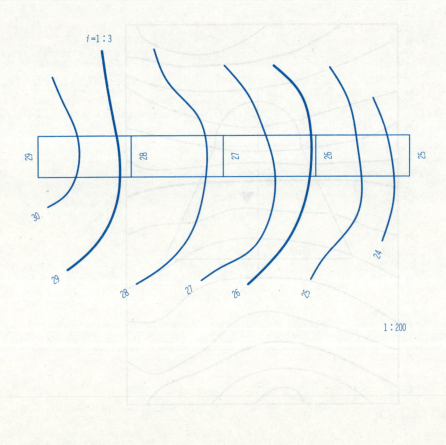

| 10.5 标高投影在土木工程中的应用 | 班级 | 姓名 |

（8）在地面上修筑一公路，填挖方边坡如图所示，用地形剖面法求作开挖线与坡脚线（比例1∶500）。

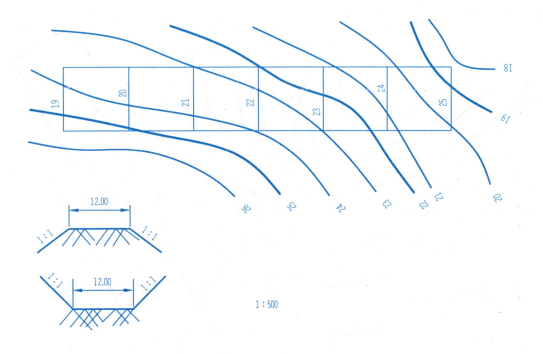

| 10.5　标高投影在土木工程中的应用 | 班级 | 姓名 |

(9) 在地形面上修一道路，路面高程为50 m，填方坡度1∶1.5，挖方坡度1∶1，用剖面法完成道路标高投影图（比例1∶500）。